U0142869

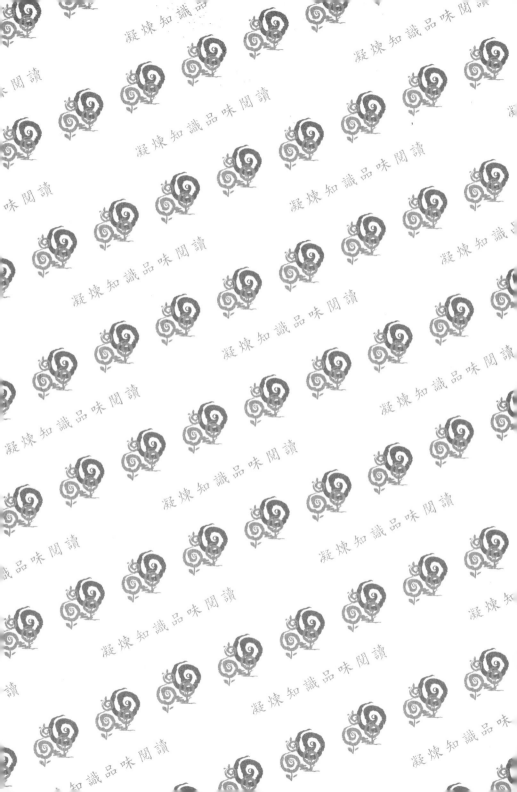

團隊變革

吳兆田——著

工作手冊

五南圖書出版公司 印行

前　言

　　根據一份2018年由DDI美商宏智、The Conference Board、以及EY安永三方合作，針對企業領導力進行的大型調查研究：「全球領導力展望」。這份報告整合了全球54個國家和26個主要產業，2,488家參與企業的25,812名領導者和2,547名人資專業人士的數據（台灣部分：794位領導者及62位人資經理人的調研數據）。研究參與者包含了1,000多名企業高階主管，以及10,000多名高潛力領導者，分別來自於54個國家和26個主要產業。全球超過1,000名企業領袖最關心的不是政治議題、氣候變遷、恐怖主義等等國際議題，研究結果發現，他們最關心的課題是「如何發展下一代領導者」以及「如何吸引／留住頂尖人才」。而台灣的隱憂是：台灣企業領導力素質發展遲滯。

　　在調查研究中，台灣企業人資專業人員反饋了一個所有台灣企業領袖不得不面對的課題：

　　24%企業的年度策略規劃和領導人才發展計畫之間，關係甚為薄弱或根本沒有關係。

　　57%企業的領導力發展方案或流程沒有良好的整合和缺乏策略一致性。

　　59%（全球78%）的人資從業人員認為企業領導力職涯規劃／發展體系僅為一般有效或更差。

　　47%（全球65%）的人資從業人員不認為他們的領導者有高品質且有效的發展計畫。

53%（全球48%）的企業在做領導者任用和晉升決定時，未使用評鑑和情境模擬等工具來獲得人才數據。

34%（全球35%）的企業沒有高潛人才發展方案。在具有高潛人才發展方案的企業中，42%（全球45%）沒有對這些專案進行有效性評估。

52%（全球73%）的企業不會因為管理者未能有效地發展團隊中的領導者而讓其承擔負面結果。

52%（全球52%）的人資從業人員對企業組織內各部門領導者能力的現況不了解。

令人擔心的是，只有8%的台灣CEO（全球14%）認為組織具備有能力思考與執行策略的領導人才。從台灣人資專業人員的觀察及回饋的數據看來，只有三分之一的台灣企業具備有效的策略領導力。在台灣人資專業人員的眼中，僅37%的企業認為公司各層級有好的板凳深度（未來三年內能夠填補關鍵領導職位的適任領導者），其中，有40%的關鍵領導職位能立即由內部人選填補。另外，37%的人資專業人員則認為企業的接班體系和流程是低效或無效的。台灣的研究數據中也發現，即便企業中有「領導力發展方案」，但成效不見得反應在企業的「領導力評鑑」與「領導力績效管理方案」中，換言之，台灣企業領導力發展的策略以及執行品質的方案、評鑑與績效管理之間都存在著落差，還有很大進步空間。企業領導人才的培育與發展絕對是企業「國安層級」策略課題。筆者雖然只是一個教育工作者，致力於提供學得會，會想用，用得好的學習方

案，讓人們相信，透過學習人有無限可能。筆者希望能為台灣社會盡一份心力，而台灣企業卻是台灣競爭力的重要關鍵，構思這本書時，考慮到企業商務人士的繁忙，不見得有時間看書，但課程講義的內容又過於簡化，所以，筆者希望這本書是陪伴企業主管領導團隊變革的工作手冊，比教科書薄一些（少了許多你可能會想跳過的故事案例），比課程講義多一些（多了詳細的重點說明與示範）。

　　本書共有六個章節，第一章介紹一個可以系統性綜觀企業組織發展的理論觀點，說明為何及如何進行組織變革。接續第一章組織變革的課題，第二章指出了組織變革的最小單位為團隊變革，介紹進行團隊變革的方法步驟。第三章則說明如何妙用職權、權力及影響力，幫助團隊領導者提高政策執行力，讓變革計畫得以落地。第一章至第三章的內容主要在幫助團隊領袖建立團隊領導系統性管理概念，而第四章至第六章則是提供團隊變革的具體工具方法，包含：系統思考的「看問題五層次」、「領導變革三階段六因素」以及處理衝突矛盾的「撥雲見日圖」、「解除對立對策表」等。團隊變革工作手冊，顧名思義，旨在於建構團隊領導及團隊合作的管理職能素養，同時可以陪伴企業菁英、部門主管、新手主管、潛力人才發展高效領導力。

參考資料

2018年「全球領導力展望」調查研究，https://www.ddiworld.com/research/global-leadership-forecast-2018

目　錄 *Contents*

第一章

組織需要變革，
而且必須持續變革

　　沒有一種商業模式可以長存，沒有一種競爭力可以永恆。博德斯（Borders）一度是美國最大的連鎖書店。但在2011年，這家公司因為商業模式被Amazon顛覆導致破產。相機與底片商百年老店Kodak是數位轉型失敗的經典案例，即使預見產業下滑，仍死守相機底片業務。

　　曾經是手機巨頭的Nokia，一度是全球手機的領導者，卻在2013年為了避免破產不得不將自己出售。執行長埃洛普（Stephen Elop）大方承認不了解自己在哪裡做錯了。是什麼原因讓一度意氣風發的手機大廠由盛轉衰？專家分析：第一、過度重視傳統手機功能。Nokia的手機業務在2000年左右達到顛峰，當時的龐大利潤和銷售量讓公司股東感到非常高興。但是這種成功也讓Nokia很難改變自己的策略，對來自以網路為主的公司所帶來的威脅，無法做出快速敏捷的反應。第二、低估軟體的意義。Nokia的確提供了高品質的硬體產品，但軟體方面

就完全不是這樣。Nokia低估了第三方App開發的重要性，以至於Symbian每一個版本的使用者介面都限制了第三方的發展。Nokia對於相容性的問題也漠不關心。消費者會想購買智慧型手機是因為它還有通訊之外的許多功能，App數量少也就連帶造成智慧型手機的銷售量少。

　　把場景拉回台灣。速食龍頭麥當勞數十年來，首次招募一千多名正職服務員。希望吸引一批具有向心力與認同感的人才，成為企業轉型的關鍵推手。2021年八月新上任的麥當勞全球第一位首席客戶長（Chief Customer Officer）斯泰亞特（Manu Steijaert）強調唯有加速轉型，提升用戶體驗，才能在得來速、外送、路邊取餐等多元通路的競爭中站穩腳步。「以前我們確保效率，但現在我們更側重的是：以顧客為中心的流程。」台灣麥當勞協理解釋著如何為轉型的挑戰超前部署。

　　關於產業領域之間也不平靜，我們所熟悉的超商、外送、電商企業，正在如火如荼的跨界大戰，互踩地盤，從原有領域的競爭，延伸到跨領域之間的戰國時代。電商蝦皮以線上訂單取貨流量優勢對上超商實體通路，布局實體店、全家超商以其實體門市優勢對上電商平台，布局社群購物及電商開店工具、全聯以實體門市流程以及成本優勢對上外送業者，布局「一小時送達的外送」、LINE以大量用戶及服務生態系優勢對上電商平台，布局直播電商及線上線下通路導購。跨領域的競爭，不論是攻擊方，還是防守方，都必須打破慣性，跳脫規則。總

之，企業不論是為了求生存還是求擴張，都需要變革，而且必須持續變革。

至於如何打破慣性進行組織變革，本章節將以：變革前先認識什麼是慣性、變革前先決定怎麼思考、變革必須正視組織慣性，為變革做好預備。

一、打破慣性變革前，先認識什麼是慣性

不同領域對「Competency」有不同的翻譯，在人力資源管理及企業教育訓練領域，常譯成「職能」；在教育領域則譯成「素養」。筆者偏好以素養作為對「Competency」的詮釋。素養即是一個人習慣的總和、企業文化則是組織集體慣性的總和。不論個人還是團隊的變革突破可以用三個層次（圖一）來理解，內層為一個人的自我身分的認同與價值信念、中層為一個人的行為系統（亦即習慣領域）、外層則是一個人在學習過程或工作情境中所面臨的表面目標與挑戰。不論是由外而內容易操作，還是由內而外容易成功的路徑，一個人的行為慣性都扮演舉足輕重的關鍵角色。

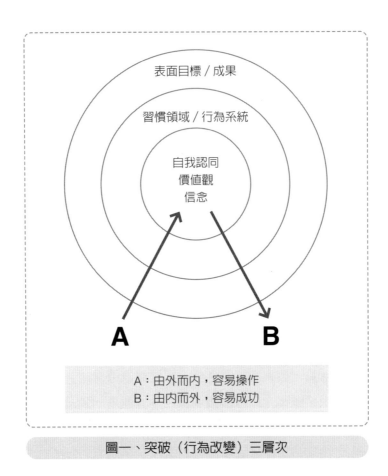

圖一、突破（行為改變）三層次

本節將為大家簡要的介紹由游伯龍教授所創立的「習慣領域（Habitual Domains）」學說。認識習慣領域必須對大腦運作的原則，有基礎的認識，近一步才能理解如何形成「習慣」，以及習慣如何影響人們的工作效能與企業文化。

▌大腦運作原則一：大腦電網▐

不同於血管循環系統的構造，大腦是由許許多多的神經元以電網形式所構成。新生兒的腦部，擁有將近一千億個稱為神經元的腦細胞，隨著年齡的成長，腦細胞的數目並沒有增加。如果以電腦來理解人腦，當神經元之間透過電流傳遞訊號時，視為「1」，沒有電流通過時，視為「0」，那麼一個神經元連結（二個神經元之間的互動），則比喻成1位元，大家可以想像64位元電腦的運作速度，當然比8位元電腦來得快，而人腦的潛能則高達100,000,000,000位元（見圖二）。

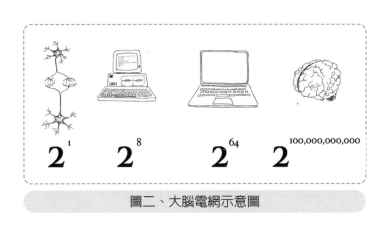

圖二、大腦電網示意圖

大腦電網跟一個人的能力有什麼關係呢？大腦電網代表人類的腦力有無窮的潛能，而電網的密度愈高，新知識（或資訊）愈不容易流逝，也愈能有創意。筆者再打個比方，如果把知識能力比喻為一杯牛奶，讓牛奶分別流過篩子及海綿（比喻

學習的過程），哪一個物件上能留下較多的牛奶？答案顯而易見是海棉（見示意圖三），大腦電網愈密，能力愈強。如果願意學習與刻意練習改變，人、團隊、組織都有無限可能。

哪一個物件可以留下較多的牛奶？

圖三、大腦學習的比喻

▎大腦運作原則二：大腦是注意力分配的競爭▎

　　大腦偏好透過圖像以及意義的建構進行學習，當一個產生意義的圖像取得大腦注意力時，會產生競爭性，讓另一個圖像意義不容易進入大腦的意識，造成人們會對周遭的人事物產生第一印象的主觀假設（但人通常會將這個假設，視為客觀事實），甚至長期的刻板印象或迷思。在管理上，大腦注意力的競爭最容易影響一個人的心智模型（Mental Model）。心智模型是深植我們心

中，對於自己、他人、組織及周遭世界的基本假定（假設）或意象。常見的心智模型，包含：

▶ 管就是官，只要我說了，他們就一定要（會）聽。

▶ 多一事不如少一事，只要穩定，就可以少一點麻煩。

▶ 只要不傷和氣，就可以你好、我好、大家好。

▶ 年輕人哪懂！

▶ 只要先補滿人力，其他再說。

▶ 只要（糊弄）過得去，就不會有事。

▶ 一定要先活下去，才能談發展。

▶ 只要沒被發現，就沒關係。

▶ 一定要有新東西，才能有差異化。

▶ 只要夠努力，一定可以達成。

▶ 知識無用，要能解決問題，才是有用。

▶ 資源有限，只能二選一，不可能……。

▶ 只有他們改變，事情才能解決。

▶ 只有想不到，沒有做不到。

▶ 公司一定要有足夠資金，才能持續擴張。

▶ 一定要帶動變革，才能度過難關。

▶ 一定要換腦袋，不然就換人。

▶ 只要利益能平衡，就可以維持關係。

▶ 只要是人，都有惰性（慾望）。

▶ 只要有「關係」，就可以沒關係。

▶ 只要顧好總營收，就不會有事。

▶ 一定要有自己的優勢，才能獲利。

　　人們通常對自己認為真實的人事物建立心智模型，並且依據自己建立的心智模型，收集資料，進行推論，做出決策，採取行動；而管理者會對複雜的系統，建立心智模型，以便能理解並掌握整個複雜的系統。習慣心理學先驅柯永河教授強調「好念頭好習慣比壞念頭壞習慣多的人容易獲得成功幸福」。企業文化為集體慣性的總和，對的政策、對的員工心態、對的流程系統、對的工作方法，可以帶來團隊組織的競爭優勢。

▋大腦運作原則三：神經可塑（連結與重組）、用進廢退 ▋

　　大腦是活生生的器官，它學習如何學習，有它的胃口，只要有恰當的營養和練習就可以生長，可以改變自己。美國腦神經科學家莫山尼克（Michael Merzenich）借用加拿大心理學家海伯（Donald Hebb）的觀念，認為學習會使神經元產生新連結，他認為二個神經元持續同時發射（或是一個發射，引起另一個發射），這二個神經元都會產生化學變化，進而緊密連結在一起。大腦藉由神經元活動，進行所有可能的重組與連結，以達到去蕪存菁、用進廢退的效果，多刺激就會多成長，有研究指出，人類有很大部分的神經元處於沉睡（未使用）狀態，原因在於大腦電網疏離，缺乏練習帶來的刺激。在管理上的意義是大腦電網的無

限腦力加上符合用進廢退的刻意練習，人們可以有無限的可能，若要有所突破，可遵循以下步驟：

第一、要能相信自己有無限可能。

第二、要有想改變突破的念頭與企圖。

第三、要有遠大目標。

第四、要能掌握訣竅。

第五、要能刻意練習。能專注並能將大目標化為小目標，透過專家取得即時反饋，培養對挫折的韌性。

有了對大腦運作的基本認識後，我們可以開始討論什麼是「習慣」。習慣一詞常常出現在生活或工作情境及對話當中，然而，大多數人不了解，人們常常受習慣性（或稱慣性）所制約，而無法主宰自己的習慣。習慣領域學說旨在於幫助人們透過突破習慣領域，追求生活、工作及人生的成功與幸福。有四個核心概念會幫助大家理解習慣是怎麼形成的。

概念一：潛在領域（Potential Domains）

一個人的大腦當中所有可以運用的電網區域，也代表了一個人可以突破的無限可能性。換言之，潛在領域指在腦海中所有可能產生的念頭思路，或者腦海中所有大腦電網的總和。前面提到過研究指出，人類大部分的神經元處於未使用狀態，這些沉睡的神經元（大腦電網）如果能夠被喚醒，人的能力便可提升。

概念二：實際領域（Actual Domains）

試著列出一些自己的習慣反應：

「當有人在我的專業上指指點點時，我時常會感到被激怒。」

「當壓力大的時候，我總是會想抽一根菸。」

「當主管責問我的時候，我都覺得他（她）不喜歡我。」

「當我很累的時候，總是沒有耐性。」

實際領域指的是此時此刻占有我們注意力的念頭思路（圖四）。

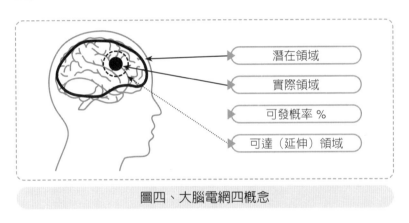

圖四、大腦電網四概念

概念三：可達領域（Reachable Domains）

由於實際領域電網的運作，往往會引發一些想法、看法。這些延伸出來的念頭思路就是大腦中的可達領域，下面是一些連鎖反應：

「當有人在我的專業上指指點點時，我時常會感到被激怒，容易遷怒別人。」

「當壓力大的時候，我總是會想抽一根菸，想找人喝幾杯。」

「當主管責問我的時候，我都覺得他（她）不喜歡我，不想聽他（她）說話。」

「當我很累的時候，總是沒有耐性，動不動就生氣。」

▌概念四：可發概率（Activation Probabilities）▌

可發概率是指當刺激出現時，每個大腦電網實際上占有我們注意力的機率，機率愈高，習慣愈強（圖四）。

嚴謹的說，一般人所說的習慣，是指那些強而有力電網（實際領域）所產生的行為。習慣只是人類習慣領域的一部分。習慣領域不同於習慣，因為習慣領域除了實際領域之外，也包含探討潛在領域、可達領域及可發概率。研修習慣領域不只是認識我們現在的習慣從何而來，更重要的是探討如何有目的、有計劃、有步驟地活化潛在領域，提高我們的工作效能。柯永河教授首創「習慣心理學」一詞，用來詮釋終其一身所研究的心理學。柯永河教授為「習慣」下了一個定義：刺激與反應之間的穩定關係。恰恰與游伯龍教授的諸多研究成果不謀而合。在柯永河教授的理論學說當中，以一個簡要的公式說明了習慣對於人的影響（見圖五）。

突破慣性公式 （習慣：刺激與反應之間的穩定關係）

$$P = (_sH_r \times D) - I$$

Inhibition
舊經驗包袱、抱怨、指責、卸責、迴避、觀望、脆弱、負面潛意識、習得無助……

P：performance（表現）
H：habit（習慣性行為反應）
　〔刺激（stimulus）與反應（response）之間的穩定關係〕
D：drive（意圖）
I：inhibition（抑制性自我干擾）

圖五、習慣的定義與突破慣性公式

　　不論是人際關係、生活效能、工作效能的成果表現，都跟三個因素有著密不可分的關係。首先，是一個對於追求目標的意圖，也就是對於目標任務的認同與承諾感，一個人對於獲得成果的意圖愈強，有助於他們成功；第二，針對目標成果，人們是否具備相應的能力與行為習慣（或稱職能慣性）；第三，有別於前者的正相關性，當面對目標任務時，一個人如果出現抑制性自我干擾，愈不利於他們獲得目標成果，這些自我干擾的念頭包含：舊經驗包袱、抱怨、指責、卸責、迴避、觀望、脆弱、負面潛意識、習得無助……等。

　　以一個常見的管理課題為例：責任感。責任感可分為三個層次：卸責、負責、當責。我們只討論「負責（Responsibility）」及「當責（Accountability）」二個概念，並示範如何將習慣領域

運用在基礎的管理課題中。我們先定義什麼是負責？什麼是當責？

負責：針對任務，採取行動並付出，以獲得成果。

當責：針對任務，確保自己及相關人員採取積極行動並努力付出，以獲得更好的成果。

試想像一位管理者作為討論的主角：

Performance（績效表現）：指團隊當前的目標及預期成果。

Drive（意圖）：管理者愈希望能建立團隊當責的工作文化交出成果，D值愈高。

Habit〔習（慣）性〕：管理者如果能根據當責的定義，熟練地表現出：（一）明確描述任務；（二）定義預期成果以及相應的高標準；（三）列出並選定所有會幫助取得成果的角色對象，做好溝通，讓所有人對共同目標取得認知上的理解與共識；（四）進一步透過溝通影響力，促進所有人對目標有情感上認同感與承諾，表現出關鍵作為；（五）建立有效的流程、方法、步驟，帶領團隊主動積極與付出行動，追求傑出的成果表現。

Inhibition（抑制性的自我干擾）：舊經驗包袱（我以前都是⋯⋯）、抱怨指責他人、卸責（這不該我負責的⋯⋯）、迴避問題盲點、冷眼觀望、碰觸了自己的脆弱面產生防衛反應、負面潛意識（絕對不可能）、習得無助（我哪有辦法⋯⋯）等念頭思路，都可能會分散管理者取得成果的注意力。刻意練習自我反思，才能更敏感地覺察會阻礙自己成功的思想或情緒。

刻意要求自己將資源、注意力及行動都投入能獲得成果的正面因素：持續希望成功的企圖，以及能交出成果的慣性行為。

　　突破慣性公式「$P=H \times D-I$」不只可以說明一個人如何可以表現傑出，也可以套用至團隊，甚至整個企業組織，如何提高競爭力。團隊績效來自團隊的共同目標及士氣（D）以及高效的工作方法及流程（H），必須降低負面心態的影響（I）。企業競爭優勢來自公司具備激勵人心的遠景使命策略主張（D）以及高績效的工作文化（H），必須嚴格管控官僚老化心態的負面影響（I）。大腦神經元「凡走過必留下痕跡」，部分的經驗必然成為組織變革的包袱，打破慣性變革前，領導者必須先認識什麼是慣性，省思目前團隊及公司上下的文化習性對未來預期成果的影響。

二、變革前，先決定怎麼思考企業的問題

思考如何進行組織變革，一定要認識「企業生命週期」學說。美國哥倫比亞大學阿迪茲（Ichak Adizes）博士，累積四十年經驗，觀察超過1,000家企業起落，找出企業從成長到老化的共同性，認爲企業跟人一樣有不同生命階段，領導人在不同階段扮演不同角色，責任是維持企業長青與競爭力。企業生命週期阿迪茲領導學，以產業變化及競爭爲開端，現況與目標的落差形成許多待解決的問題，必須透過管理的手段加以克服，以達成企業目標。管理共有二個面向，一是如何做出妙策；二是如何強化執行力（圖六）。

關於做出妙策，討論如何認識PAEI不同的風格（第二章將詳細介紹PAEI），它們之間的矛盾以及可互補性。Adizes博士認爲，團隊合作就像「手」的功能，領導者就像拇指，是唯一可以跟不同手指一起合作的角色，也就是說，領導者的任務是協調、溝通與整合，是促進團隊風格迥異的成員能合作互補的關鍵。沒有任何一位領袖能具備完美的PAEI風格，但是可以打造PAEI互補合作的團隊，集思廣益，避開團隊迷思，做出妙策。

關於執行力，涉及領導者是否能善用權勢三要素（包含：職權、權力、影響力，第二章將詳細介紹），先求同存異，將不同利益的對立轉化爲建設性矛盾，循序漸進尋求組織結構、流程及個體三贏，交出優異成果。

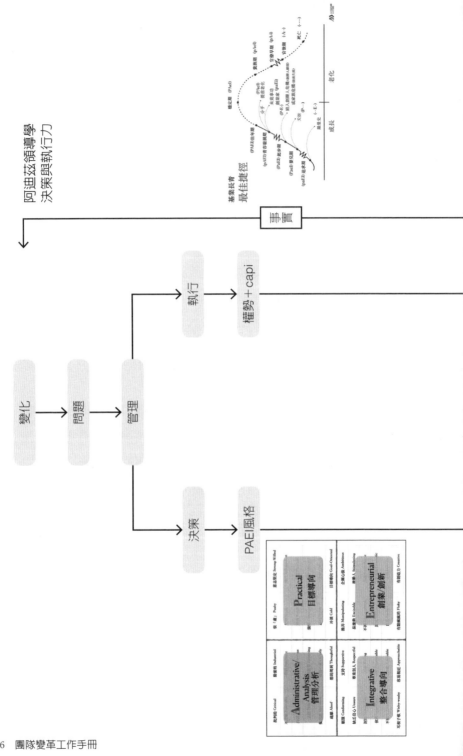

阿迪茲領導學
決策與執行力

事實

變化 → 問題 → 管理

執行
權勢＋capi

決策
PAEI風格

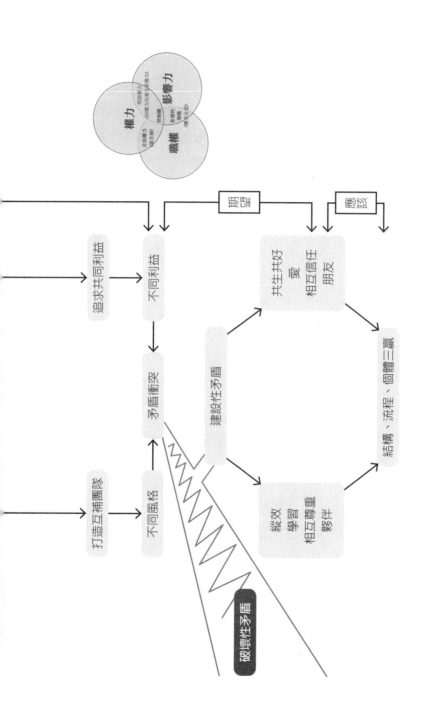

圖六、阿迪茲領導學架構圖

阿迪茲博士認為所有管理的問題，以「企業成長過程中，該問題是否為可預期？」及「企業組織內部是否具備解決問題的能力？」作為二個變項（維度），得到四種類型的問題（圖七）。週期性困擾及過渡性問題屬於正常問題；複雜性問題及致命性問題屬於不正常問題。正常的問題，不論企業是否能預期，都能按部就班地克服。然而，不正常的問題需要藉由外在專業的介入，能得以解決。阿迪茲博士所提出的企業生命週期學說告訴我們，企業在每個生命階段都會有很多正常的問題，都是可以預期的，企業只要有意願，都有能力解決。

問題的種類	企業成長過程中，該問題是否為可預期？		企業組織內部是否具備解決問題的能力？	
			YES	NO
		YES	週期性困擾（Sensation）	複雜性問題（Complexity）
		NO	過渡性問題（Transition）	致命性問題（Pathology）

☐ 正常性問題（Normal）
☐ 異常性問題（Abnormal）

圖七、企業生命週期中問題的類型

舉幾個例子：

剛成立的新公司（嬰兒期）缺乏資金基本上只是一種困擾，管理好的企業通常很快就可以自行解決這些問題。另外，快速成長的企業（可能是起步期或壯年期），也可能意外地缺乏資金，如果能在管理者的掌握範圍內，缺乏資金只是一個過渡性問題。

我們可以觀察到企業的創辦人，都有他們獨裁的一面，通常是企業內部無法自行解決的問題，獨裁的領導者或管理者，往往會陷入自己編織的網絡結構當中，無法自拔。當企業不斷成長，必須與更多專業經理人協同合作時，獨裁的管理風格常常造成無法接納意見，無法溝通，難以合作的痛苦。獨裁風格成為導致疾病，甚至致命性的問題。

最後，當成功的企業（壯年期或穩定期）處於最輝煌的時代，最容易掉入傲慢與官僚的陷阱，逐步地喪失創新與服務顧客的能力，是企業老化過程中最常見的問題，是必須透過外力強以矯正的異常性問題。

從麥當勞開始藉由招募正職服務員，進行以顧客為中心的數位優化與轉型，到超商、電商、外送之間跨領域的征戰，都是企業在壯年期或穩定期，為了打造基業長青企業（避免掉入官僚衰敗的老化循環），領導者必須面對組織變革課題。這些課題有些是企業內部願意面對而且可以處理的困擾或過渡性問題，但如果不進行積極變革，導致正常性問題惡化轉變為

複雜或致命性問題，就必須藉由外力的介入，才能得以導正或解決。而每一個及每一次的變革行動與流程的改造，都考驗著企業端以及顧客端行為慣性的改變與調適。例如：麥當勞應該如何幫助服務員適應櫃檯點餐與自助數位點餐同步下的顧客體驗、如何確保麥當勞常客透過自助數位點餐能有更好的用餐體驗。隨著超商與電商平台的競爭白熱化，超商員工的服務流程的優化、服務素養能力的訓練、敬業超商店長的養成等課題，都考驗著企業如何突破習慣領域。不同的企業週期，會出現不同的問題，如果企業領導者對於企業生命週期有更完整的理解與掌握，便可以洞燭先機，超前部署，趨吉避凶，擬定系統性與階段性組織變革的策略方針的計畫步驟。

三、變革必須正視組織慣性：企業生命週期

　　阿迪茲博士以擬人法詮釋企業的成長到老化，共有十個時期（見圖八），包含：追求期、嬰兒期、起步期、青春發展期、壯年期、穩定期、貴族期、官僚早期、官僚期、死亡期。以穩定期為分水嶺，追求期、嬰兒期、起步期、青春發展期、壯年期為成長階段；貴族期、官僚早期、官僚期、死亡期為老化階段。

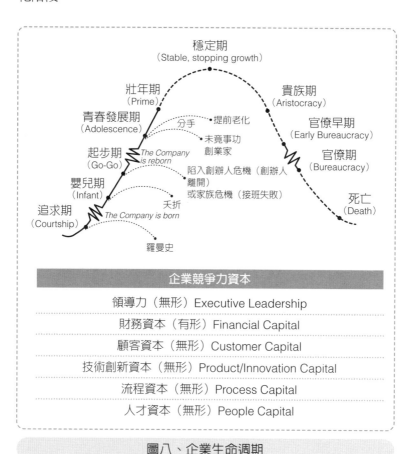

企業競爭力資本
領導力（無形）Executive Leadership
財務資本（有形）Financial Capital
顧客資本（無形）Customer Capital
技術創新資本（無形）Product/Innovation Capital
流程資本（無形）Process Capital
人才資本（無形）People Capital

圖八、企業生命週期

1. 追求期：著重產品未來價值的思考慣性（套用突破慣性公式「P＝H×D－I」，很強的D），執行力是關鍵

追求期的企業尚未出生，只是創業構想。企業在追求期，最重要的是創業的構想與這個構想的未來性。領導人狂熱、堅定、務實，對事業的承諾與願意承擔的風險程度相當，並且維持對企業的高度控制。聚焦在產品，相信能提供顧客有價值的服務，希望摸索出能成功的商業模式。容易忽略行銷的評估與策略步驟。公司幾乎沒有管理概念，但創辦人有一群死忠的團隊。

領導人如果過於浪漫，無法面對現實，缺乏執行力，領導人創業卻不願承擔風險，太早看重投資報酬率都會是追求期的不正常問題。如果無法克服這些問題，創業將成為一場羅曼史的浪漫。

2. 嬰兒期：展現成果導向的工作文化（高D，具相應的H），營收是活下去的關鍵

企業嬰兒期，重要的不再是夢想有多偉大，而是做了什麼。領導人沒天沒夜地賣力工作，展現結果導向的管理風格，會犯錯，但會堅持對事業的承諾，擁有家庭支持以及外力的馳援。處於嬰兒期的企業定期需要奶水（現金）和愛（創辦人的事業承諾），已掌握產品，顧客持續開拓中。關於內部管理，大部分的人都在做銷售或跟銷售相關的工作任務，缺乏管理深度與制度，幾乎是一場創辦人的個人秀。中央集權，不授權，不分權，管理

脆弱，一件小事可以變成大危機，沒有周延計畫，沒有規範制度，保持高度彈性，只想獲取訂單，績效不穩定。

領導人如果過度熱衷於產品，持續追夢，緊接而來的風險與失敗會澆熄熱情與承諾。領導人傲慢，不聽建議，無法接受犯錯、失敗，無法掌控自己的公司，家人不支持，與外界專家資源疏離。過早授權，過早建立規則、系統、制度，都會是企業嬰兒期的不正常問題，如果無法克服這些問題，企業將會夭折。

3. 起步期：形成一套實用取向因人設事的工作習性（高D，H不斷優化），聚焦與學習管理會是關鍵

起步期的企業就像剛學會走路的嬰孩，會隨手抓起他們碰到的東西。公司愈成功，創辦人會愈自滿，成功與傲慢容易造成經營管理無法聚焦，起步期的企業容易發動太多任務。領導人視一切都是商機，沒有輕重緩急，優先順序。財務營收方面，收支平衡，快速成長，滿手現金，生產與供應穩定。品牌有了知名度，客戶能再度光臨，被動式銷售逐漸取代主動創造機會。管理方面，銷售導向工作文化，以人設事，制定政策決定「什麼不要做」，管理都在處理危機，權責不清，缺乏周延的策略主張及行動計畫，學習授權，而非分權。工作大多是被動的反應，而非主動出擊，任務的安排與員工能力不完全相關，看到誰就叫誰做。

領導人手上都是現金，投資變得散漫，只希望「投入就有產出」，忽略過程的努力，甚至享受奢華與虛榮。管理上，在

尚未具備優良的制度、規則、系統前提下，採取分權治理，都會是企業起步期的不正常問題，如果無法克服這些問題，企業將會陷入創辦人危機（創辦人離開）或家族危機（接班失敗）的挑戰。

4. 青春發展期：工作與思考慣性的差異矛盾成為核心議題（D下降，H無法整合，I干擾績效表現），對話與整合會是關鍵

企業會在青春發展期重生。青春發展期的企業特徵就是心結、矛盾、衝突與不一致。從創業家精神轉變為專業公司治理，領導人與合夥人、專業經理人之間的矛盾與衝突不斷，公司經營層會暫時失去願景，董事會的權力增加，從「More is Better」到「Better is More」。顧客關係一如以往，無暇創新。從創業管理到專業管理，希望授權而不失去控制。企業必須找一個「像我們（領導人），但願意做我們不想做的事」的人。從「Work Hard」到「Work Smart」的思維轉換。獎懲制度無法達到引導員工行為的作用，政策無法落實，而領導人通常是第一個破壞制度的人。公司內部充滿矛盾衝突，元老派對新潮派；創辦人對經理人；創辦人意志對公司法人的發展。元老派開始懷念公司小而美有彈性的時光。

公司經營層之間失去互信與尊重，無法對話解決問題。創辦人離開，專業經理人接手。即便公司已經虧錢，少數人還可以拿到績效獎金，對公司的職權分配感到麻痺不在乎。這些都是企業青春期的不正常問題，青春發展期的企業，如不求突破，將會回到起步期狀態，陷入創辦人危機。

5. 壯年期：形成高績效表現的流程與工作文化（高**HD**），掌握時機大膽變革會是關鍵

　　企業壯年期是企業最輝煌的日子。經營管理不再只是家族思維，有企業的專業治理。營收獲利表現卓越，逐漸衍生子公司、新事業。成果導向工作文化，顧客滿意。透過投入創新，創造新商機。企業制度發揮功能，願景建構和創新制度化，事前有計劃，計畫能落實。但是，幹部缺乏管理職能的教育訓練，員工缺乏職涯發展藍圖與教育訓練制度。領導人的自滿會是企業壯年期不正常的問題。壯年期的企業，如不求轉型突破，將走入企業老化的開端。

6. 穩定期：成功經驗開始成為包袱（高**HD**，但**I**升高），歸零成長心態會是關鍵

　　穩定期是企業老化的第一個階段。企業仍然強健，但是逐漸失去彈性。領導人緬懷過去成就，不再有願景。營收獲利不再積極成長。不投入更多的行銷策略分析。不再期待新市場、新技術、新產品，不敢也不投資創新。花在跟同事開會的時間，多過拜訪客戶。喪失危機意識與急迫感。財務部門主導公司的策略與運作，只重視KPI、ROI，喪失理想性。獎勵機制不支持創新及維持創業熱情。幹部員工普遍質疑需要改變，主管鼓勵聽話的人，過度重視人和，缺乏對話及解決問題能力。穩定期的企業，再不求突破，將走入貴族期。

7. 貴族期：成功經驗已成為沉重包袱（HD下降，I攀高），硬變革會是關鍵

　　喪失創業家精神，使企業步入穩定期及貴族期。公司經營層過於自滿，緬懷並到處宣揚過去輝煌。現金投資在硬體設施、控制系統及不相稱的員工福利。公司內部資金多，想要併購別人或成為被購併的對象。顧客服務，了無新意。企業沒有創新的企圖與計畫。公司內部只在乎「HOW」，忽略創業精神的「WHY」。公司文化重視形式、穿著、傳統，謹守「不要興風作浪」默契。溝通迂迴且形式化，充滿暗示與政治語言。過度使用投影片或影音媒體。會議時，部門之間本位主義明顯，自我保護。經營及管理團隊否定需要改變，拒絕面對改變，甚至沒有改變的能力、方法、步驟。貴族期的企業，再不求突破，將走入企業老化的官僚早期。

8. 官僚早期：深植企業的官僚文化（I持續攀高），痛定思痛斷尾求生會是關鍵

　　官僚早期的企業，營收下降，降價救不了銷售，漲價沒有意義持續虧損，經營領導層毫無作為。對顧客不屑一顧，開始失去客戶。沒人真正在乎產品服務的處心，甚至指責其他部門是造成困境的源頭。企業內部只在乎誰負責，沒人在乎解決問題，互相指責與卸責，衝突不斷，惡意中傷。人們疑神疑鬼，想辦法保住自己的飯碗，可是，沒人在乎公司存亡。希望成功的創業者紛紛離開，希望安定的管理層會繼續待在公司，但

他們緊抱著規章制度，沒有變革的企圖與能力。官僚早期的企業，再不求突破，就會走入企業老化的官僚期。

9. 官僚期與死亡期：幾乎無力回天

官僚期的企業已無法自立更生，需要靠外來的補助才能維持生命。經營領導層不在乎、不面對、不處理。營收持續下降，虧損惡化。與外界脫節，只在乎自己。不在乎顧客需求與滿意度，嚴重地失去客戶。制度雖齊備，但無法發揮功能。沒有溝通合作的意願，缺乏把事情做好的條件與能力。顧客必須靠自己打通層層關卡，才能滿足需求或解決問題。主管及員工缺乏把事情做好的條件與能力。

企業的成長到老化，從承擔風險到避開風險，從期望目標超越實績到實績超越期望目標，從缺乏現金到現金過剩，從強調功能到強調形式，從貢獻到個性，從現在做什麼、為何做，到怎麼做、誰去做，從「凡是沒有禁止的，都可行」到「除非獲得同意，否則都不可以做」，把問題當做機會到視機會為問題，從管理者控制組織到組織制度控制管理者，從業務導向到利潤導向，從附加價值導向到政治權謀導向。本章附錄企業自我評估量表，可以幫助團隊領導者簡單地進行自我診斷。

四、愈VUCA，愈要練習變革

VUCA是Volatility（易變性）、Uncertainty（不確定性）、Complexity（複雜性）、Ambiguity（模糊性）的縮寫。VUCA的概念最早是美軍在90年代，用來描述冷戰結束後，愈發不穩定性、不確定性、複雜、模棱兩可和多邊主義的國際格局。在2001年911事件後，這一個概念和首字母縮寫才真正被確定。隨後，「VUCA」常被企業領袖用來描述「新常態的」、「混亂的」、「快速變化的」商業環境（圖九）。

四大超商之外，路邊巷口開始出現「蝦皮店到店」招牌，裏面的零食架、飲料櫃、ATM提款機，還有現煮咖啡機，乍看之下就像袖珍型超商。全家便利商店運用全台近四千家門市的店長團隊，透過社群平台，揪團拼團購。全聯開始主動出擊拼外送市場。在麥當勞服務二十餘年的工作者需要面對一竅不通的數位轉型。大數據、物聯網、數位科技的突飛猛進，跨領域的競爭顛覆過去的商戰模式，讓產業競爭變得更VUCA。領導者更應思考如何有系統、有方法地診斷企業組織的生命週期，正視組織當前的優勢與慣性惡習，探索打破組織慣性的突破口與契機，領導組織變革，藉由系統升級、思維改造、團隊互補、組織再造、高槓桿策略戰術，迭代商業模式與企業競爭優勢。

Complexity（複雜性）	Volatility（易變性）
特點：這類狀況包含彼此關聯的因素與變數，資訊是可以獲得的，但變數的數量或性質可能大到難以處理。	**特點**：出現意想不到或不穩定的挑戰，會持續多久可能都不知道，但未必難以理解掌握，通常這種狀況不會毫無跡象或警訊。
案例：在不同的國家做生意，每個國家有獨特的法規、政策、環境和文化價值觀。	**案例**：天災使供應中斷，導致價格波動。
對策：組織改組、引進或培養專家、建立充分資源，以因應複雜性。	**對策**：建立備用資源，把部分資源用於準備應變，例如：儲備存貨或額外人才。這些對策通常很花錢，投資應考慮風險管理。
Ambiguity（模糊性）	Uncertainty（不確定）
特點：因果關係根本不清楚，毫無前例可循，面對不明的未知狀況。	**特點**：雖然缺乏足夠的資訊，但知道情勢的基本發展，不過仍然無法提出十分確定的理論。
案例：決定進入尚未成熟或新興市場，或推出本身核心能力之外的產品服務。	**案例**：競爭對手即將推出新產品，將影響市場及價格。
對策：做中學、錯中改。要了解因果關係，必須提出假設推論，並藉市場驗證理論，這些不論成功或失敗的教訓，都成為下一個營運實驗設計的基礎。	**對策**：投資於收集、分析、解釋、分享相關數據資訊。要讓這個對策發揮最大效果，最好配合能減少眼前不確定性的結構性改變，例如：增設大數據分析軟硬體。

＋

你能多精準地預測行動成果？

系統思考 y＝f(x) 關鍵因素

－ 你對情勢有多了解？ ＋

PESTEL
politics, economic, society, technology, environment, legal

圖九、VUCA挑戰

企業生命週期自評量 操作程序

Step 1 企業生命週期問券

請詳細閱讀以下敘述，針對您的企業目前的狀態，勾選(V)適當的選項，包含：

- ·非常不符合
- ·部分符合
- ·非常符合

企業狀態描述	非常 不符合	部分 符合	非常 符合
1. 領導人（層）狂熱、堅定、務實。			
2. 領導人（層）以成果導向為主要的管理風格。			
3. 領導人（層）視一切都是商機，沒有輕重緩急，優先順序，無法聚焦事業目標。			
4. 領導人（層）與專業經理人之間出現許多矛盾與衝突，造成公司暫時失去共同且聚焦的方向與願景。			
5. 創辦人成功地完成交班（二代或專業經理人），經營管理不再只是家族思維，有了企業的專業治理。			

企業狀態描述	非常 不符合	部分 符合	非常 符合
6. 經營人（層）不斷緬懷過去成就，不再有新願景。			
7. 經營人（層）自滿，緬懷並到處宣揚過去輝煌。			
8. 面對公司虧損，領導人（層）無作為。			
9. 公司連年虧損，領導人（層）不在乎也不面對。			
10. 領導人（層）維持對公司的高度控制。			
11. 領導人（層）會犯錯，但仍堅持對事業的承諾。			
12. 公司的生產與銷售穩定，收支平衡，快速成長，滿手現金。			
13. 產品銷售及服務一如以往，但無暇創新。			
14. 創辦人成功地完成交班（二代或專業經理人）。企業表現卓越，銷售及利潤同時成長，逐漸衍生子公司、新事業。			
15. 公司營收不再積極成長，公司停止投入更多的行銷策略分析，不再期待新市場、新技術、新產品，不敢也不投資創新。			
16. 現金總是投資在硬體設施、控制系統及不相稱的員工福利。			
17. 公司虧損、虧損、虧損。營收下降，即使降價也救不了銷售，漲價沒有任何意義。			
18. 公司營收長期虧損體質不斷惡化。			
19. 先關心產品好不好，再看能不能賺錢。			
20. 公司已掌握了產品特色與優勢，急需擴展顧客，現金時常需要週轉。			
21. 顧客再購，品牌有了知名度，被動式銷售，而非主動創造銷售機會。			

企業狀態描述	非常 不符合	部分 符合	非常 符合
22. 公司文化從「一（幾）個人說了算」的創業公司，轉變為專業公司治理，企業必須找一些「像創辦人，但願意做創辦人不想做的事」的人。			
23. 創辦人成功地完成交班（二代或專業經理人）。公司聚焦地投入創新，創造新商機。			
24. 獎勵機制及公司文化不直接鼓勵創新及維持創業熱情。			
25. 營運一如以往，了無新意，沒有創新的企圖與計畫。			
26. 對外部顧客不屑一顧，開始失去顧客。			
27. 與外界脫節，只在乎自己的利益。嚴重地失去客戶，不在乎顧客的需求與滿意度。			
28. 容易忽略行銷的評估與策略步驟。			
29. 公司大部分的成員都在做銷售或跟銷售相關的工作任務。			
30. 以人設事，權責不清，銷售導向的工作文化。			
31. 工作文化，從「Work Hard」到「Work Smart」。			
32. 創辦人成功地完成交班（二代或專業經理人）。事事有計劃，又有執行力，企業制度能發揮功能，制度化願景建構和創新計畫。			
33. 財務部門（主張）主導公司的策略與運作，只重視KPI、ROI，喪失理想性。			
34. 重視形式、穿著、傳統，謹守「不要興風作浪」。否定需要改變，拒絕面對改變，沒有改變的能力、方法、步驟。			

企業狀態描述	非常 不符合	部分 符合	非常 符合
35. 沒人真正在乎公司的成敗，指責其他部門是 造成困境的源頭，只在乎誰該負責，沒人在 乎解決問題。			
36. 制度雖齊備，但無法發揮功能。沒有溝通合 作的意願，缺乏把事情做好的條件與能力。 客戶必須靠自己打通層層關卡，才能滿足需 求或解決問題。			
37. 沒有內部管理流程及機制。			
38. 沒有規範制度，保持高度彈性，行動導向， 由銷售（商機）決定行動計畫。			
39. 任務的安排與員工能力無關，看到誰就叫誰 做。			
40. 矛盾衝突出現，包含元老派對上新潮派、創 辦人對上經理人、創辦人意志對上公司法人 的發展。			
41. 創辦人成功地完成交班（二代或專業經理 人）。主管缺乏管理職能的教育訓練，員工 缺乏職涯發展藍圖與教育訓練制度。			
42. 企業上下喪失危機意識與急迫感，質疑需要 改變。公司獎勵聽話的人，重視人和勝於績 效表現或解決問題，缺乏對話及解決問題能 力。			
43. 溝通迂迴且形式化，充滿暗示與政治語言。 會議時，本位主義明顯，自我保護。			
44. 希望成功的創業者紛紛離開。希望安定的管 理層會繼續待在公司，但他們緊抱著規章制 度，沒有變革的企圖與能力。			
45. 主管及員工已經缺乏把事情做好的企圖、條 件與能力。			

Step 2 計算分數

分數	非常不符合	部分符合	非常符合
分數	0	2	5

追求期		嬰兒期		起步期		青春發展期		壯年期		穩定期		貴族期		官僚早期		官僚及死亡期	
題號	分數	題號	分數	題號	分數	題號	分數	題號	分數	題號	分數	題號	分數	題號	分數	題號	分數
1		2		3		4		5		6		7		8		9	
10		11		12		13		14		15		16		17		18	
19		20		21		22		23		24		25		26		27	
28		29		30		31		32		33		34		35		36	
37		38		39		40		41		42		43		44		45	
小計		小計		小計		小計		小計		小計		小計		小計		小計	

　　從最後各個企業生命週期加總後的分數，可以得知企業目前不同週期現象的項目與比重。

參考資料

1. 柯永河（1994）。習慣心理學：寫在晤談椅上四十年之後（理論篇）。張老師文化。

2. 柯永河（2004）。習慣心理學─應用篇：習慣改變，新的治療理論方法。張老師文化。

3. 游伯龍（1998）。習慣領域：影響一生成敗的人性軟體。時報文化。

4. 游伯龍、陳彥曲（2012）。習慣領域進階版：智慧電網全面啟動。時報文化。

5. 游伯龍、黃鴻順、陳彥曲（2015）。從決策到妙策：突破習慣領域、洞見決策盲點、優化競爭策略、激發絕頂妙策。時報文化。

6. 商業周刊，第1763期。

7. 商業周刊，第1766期。

8. 葛詹尼加著，鍾沛君譯（2011）。大腦、演化、人：是什麼關鍵，造就如此奇妙的人類？貓頭鷹出版。

9. 葛詹尼加著，鍾沛君譯（2016）。切開左右腦：葛詹尼加的腦科學人生。城邦出版。

10. 數位時代，https://www.bnext.com.tw/article/51621/digital-transformation-ng-cases-nokia-kodak-ge-philips。

第二章

組織變革，
從團隊變革開始

　　根據商業周刊報導，2021年國泰金控創下三項紀錄：遠距投保市占率第一，是其他競爭對手總和的三倍、金融業單一App下載量最高、行動銀行用戶流量和活躍度雙雙居冠。成立近六十年國泰，包含約聘人員，總人數達十萬人。國泰大象躍居金融轉型贏家，關鍵在於，第一、經營團隊願意從對話做起，由上至下好好地溝通，說明轉型變革的意義與步驟；第二、參訪國外轉型成功的企業，由外而內，標竿學習；第三、打造各種轉型專案團隊，稱為「戰情室（War Room）」；第四、強化主管的溝通對話能力；第五、定期檢核專案進度，成功繼續做，失敗就打掉重練。開展了一場裡應外合、由點到面的全面性組織變革，從700人的變革團隊（戰情室），改變十萬人的腦袋，徹底地翻轉企業組織與文化。從實務上來看，領導者如果不要讓組織變革成為口號空談，一定要懂得化整為零，先學會帶領團隊進行變革，才能帶動組織變革。

一、從打造互補團隊到團隊變革

組織是由團隊（部門團隊及專案團隊）、流程、人以及產品服務所組成，企業的使命願景策略會決定產品服務的性質，而企業文化（集體慣性的總和），會決定產品服務的品質。所以，討論組織變革，一定要先弄清楚「團隊」這個概念，團隊管理共分三個部分：打造團隊、團隊變革、團隊評估。

我們先討論「打造團隊」再談「團隊變革」。打造團隊不能光憑經驗，事實上有架構方法可以幫助領導者在企業不同生命週期，打造並經營高效且互補的團隊，朝基業長青企業邁進。Allan Drexler 和 David Sibbet 1999年的研究發現，大多數人對於一個團隊從形成到完成任務，有逐漸向上攀升的概念與比喻，他們企圖以循環概念詮釋團隊的形成與發展，遂提出績效團隊模式七步驟（Team Performance Model）（圖一），分別為：目的定向（Orientation）、互信互賴默契建立（Trust Building）、目標釐清（Clarification）、做出有共識的計畫承諾（Commitment）、分工執行（Implementation）、高績效表現（High Performance）、延續或轉型創新（Renew），前四個階段的目的在於打造團隊，後三個階段目的在於逐漸維持或提升團隊的績效表現。

（一）**目的定向階段**：關心的焦點是「WHY」。團隊成員對於為何在這裡（指團隊）感到好奇？也希望了解團隊形成的目的，以及自己所需要扮演的角色，並且和自己的意圖動機與

利益進行比較評估，以便做出判斷。有幾個關鍵提問值得領導者思考：

1. 什麼樣的共同使命，最能激勵你與團隊成員合作，並為團隊整體效益努力？

2. 如何定義你們以及存在的價值？

（二）**互信互賴默契建立階段**：關心的焦點是「WHO」。如果團隊目的與自己的意圖動機與利益有交集，認同該團隊形成的合理與必要性，接下來，團隊成員會好奇「我會和誰一起共事？」、「他們會接納我嗎？」、「我該如何和他們相處？」等疑問。所以這個階段的目的是將人聚集起來，打破人際隔閡，協助他們建立互賴互信的合作關係，讓他們各自可以找到最適當的角色，發展有效的合作與溝通方式。萬一過程中不斷遭遇阻礙，將會退回上一階段，重新釐清各個成員與團隊存在的目的與價值。有幾個關鍵提問值得領導者思考：

1. 團隊中，不同的行事與決策風格，如何讓每個人發揮強項，同時又能互補合作，強化團隊整體優勢？

2. 如何刻意創造風格相異的夥伴，成功地合作？方法是什麼？

3. 在這個團隊中，能做些什麼，能有助於團隊發展出更具默契、包容與互助的工作文化？

4. 合作過程中，容易產生誤解、摩擦或矛盾對立，如何建立關鍵對話或和解的機制與能力，幫助團隊度過風暴？

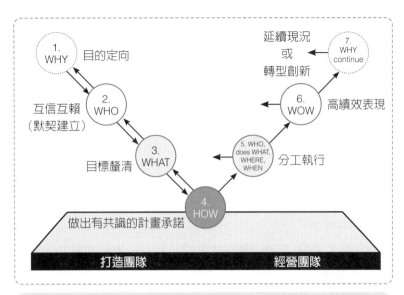

圖一、Allan Drexler 和 David Sibbet 的績效團隊七步驟模型

（三）**目標釐清階段**：關心的焦點是「WHAT」。當團隊成員確立彼此關係，建立合作與溝通默契後，開始面對團隊共同的目標，團隊必須齊心協力探討具體的目標是什麼？有哪些條件？範圍在哪裡？要完成哪些任務？如果階段無法對目標有充分地了解與共識，將會影響團隊之間的互信互賴關係。

（四）**做出共識的計畫承諾階段**：關心的焦點是「HOW」。詳盡而明確的計畫是對團隊目標付出承諾的衡量標準之一，團隊針對即將面對的任務與挑戰，集思廣益，討論有哪些不同的解決方案，分析比較這些方案的優缺點，以及需要付出的成本與代價，以適當的方式進行決策，取得團隊共同的共識與支持。如果這個階段

團隊無法確立策略，擬定具體的執行計畫，則必須回頭釐清團隊的最終目標。第三及第四階段有幾個關鍵提問值得領導者思考：

1. 學習靈活運用權勢三要素（職權、權力、影響力），如何讓「廣開言路、集思廣益、多元欣賞、包容讚美、共學反饋」成為工作文化的一部分，催化團隊做出妙策，你會採取哪些行動？

2. 你可以做些什麼？有助於確保未來的會議，能夠為團隊帶來真正的突破與改變？

3. 為了建立團隊溝通與解決問題的默契，什麼是團隊內共同的價值原則、方法工具？

4. 是否存在互為競爭又合作的結構機制，那是什麼樣的工作關係？如何平衡競爭與合作？

　　前述四個階段讓原本抽象、模糊，充滿想像有如停留在雲端的抽象概念、觀點、價值觀，慢慢一步一步的形成具體的步驟與計畫。

　　（五）分工執行階段：關心的焦點是「WHO, WHAT, WHERE, WHEN」。進入這個階段，團隊成員根據所決定的方案進行清楚的角色職責的界定與分工，過程中不斷檢視與評估工作進度與績效。如果執行的過程順利有利於團隊任務的達成。有幾個關鍵提問值得管理者思考：

1. 哪些流程、步驟、系統或架構，可以幫助團隊提升工作效能，展現高績效執行力？

2. 遭遇挫折與困難，什麼是團隊內部解決問題有默契的共同方法論？

（六）**高績效表現階段**：「WOW！」大家對於最後的表現感到興奮，團隊正式進行高績效階段，將有助於建立團隊內更穩固互賴互信關係，這時，團隊內氣氛、感覺等心理上交流互動頻繁。有幾個關鍵提問值得領導者思考：

1. 團隊曾經經歷的高峰經驗，是如何達成的？團隊成員的感受是什麼？

2. 當團隊屬於最佳狀態，團隊成員會怎麼向新加入的成員分享一些「秘密語言」？會如何述說你們的傳奇故事？

3. 描述目前團隊的最佳狀態，領導者與領導力如何釋放團隊的潛能？有哪些核心的領導特質？

（七）**延續或轉型創新階段**：高績效後一段時間，大家開始好奇「WHY continue?」、「我們接下來還可以做什麼？」、「我們可以更好嗎？」、「我們要維持現況還是做一些改變？原因是什麼？」這個階段團隊重新面對存在的目的與意義的思辨。有幾個關鍵提問值得領導者思考：

1. 在目前的團隊中，你會做哪些事，持續發揮正向影響力？

2. 有什麼樣的理念或行動，可以激勵你和你的團隊？

3. 有哪些新願景？需要哪些推動力？才能持續求生存、求突破、求創新？

4. 過去你或你的團隊，如何迅速地在逆境中復原和崛起？對未來的意義是什麼？

　　後面三個階段將不同程度的能量反饋至前面的三個階段，產生循環的動能，以維持團隊正常有效地運作，七個階段的關聯並非直線向上關係，而是循環回饋關係，每一個階段會對其他階段產生影響。

　　有了打造團隊的概念後，我們來談團隊變革。團隊變革就是，因應組織變革的需要，團隊有了新的使命與價值，團隊領導者基於新的使命與定位，反思並調整團隊成員的組成，培養合作默契與互信，設定團隊的共同目標，做出妙策，分工執行，過程中敏捷應變，交出亮眼的成果，以支持組織變革。換言之，打造團隊會是團隊變革的基礎，在打造團隊的第七階段（延續或轉型創新），如果是延續現況，七步驟會是一次又一次的良性循環。如果是轉型創新（不論是團隊內部自發性或是公司政策的要求），打造團隊的第一顆球（第一階段）就會從新的位置出發，開創另一個新的循環（見圖二示意圖）。

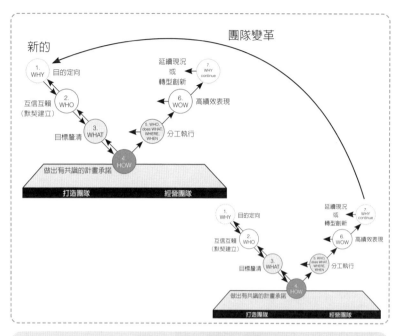

圖二、團隊變革示意圖

　　而團隊的評估，共有四個面向：團隊的結構環境（Team Context）、團隊的組成（Team Composition）、團隊協作的能力（Team Competency）以及團隊變革（Team Change）的能力。團隊的結構環境關心的議題是：

▶對你的企業而言，團隊合作行為是否為達成組織目標的關鍵？如果是，如何定義與衡量這些行為？

▶公司內的高層、資深主管、溝通渠道、人力資源政策、獎懲制度、公司文化是否鼓勵團隊之間的合作？

團隊的組成（Team Composition）指的是團隊成員完成任務所需具備的內在力、學習力、軟實力以及專業力。身為領導者，你必須確保找對的人上車。

▶ 團隊成員是否具備足夠的專業能力與資歷？

▶ 他們是否具備合作所需要具備的人際理解、建立人際關係、有效溝通、衝突對話以及解決問題的能力（軟實力）？如果沒有，他們有好的學習能力嗎？

▶ 團隊成員是否有足夠的動機完成任務（熱情、天賦、責任、理想）？

▶ 團隊成員的風格（PAEI）組成是否能互補？是否符合企業週期的需要？

▶ 團隊的人力是否能確保團隊的任務目標？

傑出的團隊通常具備許多良好的團隊能力（Team Competency），例如：

▶ 能清楚定義任務及預期成果，設定明確的成功指標（KPI或KMI）。

▶ 根據目標，團隊能發展相應的策略與方法，透過溝通、對焦與分工協調，確保個人任務與團隊共同目標的達成。

▶ 團隊能做出妙策，避免決策盲點與團隊迷思。

▶ 能有效溝通對話，彼此反饋與精進。

▶ 能持續建立與經營互信的工作關係，並對團隊共同目標表現出高度承諾。

▶能解決內部的意見分歧與矛盾衝突。

▶能鼓勵冒一定的風險與創新。

　　傑出的團隊能持續保持高績效，一旦面對任何變動，總是能在最短時間內進行團隊變革（Team Change），以適應或做出改變，根據變動後的局勢，彈性地調整團隊的環境條件（參數）、團隊組成以及團隊能力，確保完成團隊任務。團隊面對變革的能力，事實上也是團隊能力的一部分。VUCA時代下，它的角色扮演愈來愈重要，學者們建議凸顯這個議題，幫助領導者更專注地思考這個問題。如果要提高團隊面對變革的能力，領導者可以這樣做：

▶建立內部「打造團隊」的流程、方法、步驟，發展檢視團隊環境條件、團隊組成及團隊能力的機制與工具，以因應變革。

▶透過溝通與培訓，培養團隊內部面對變革的健康心態、工作觀、價值觀，勇於面對不斷變化與競爭的產業環境，突破習慣領域。

　　本章附錄團隊狀態評估量表，可以幫助團隊領導者簡單地進行團隊評估。

二、不同企業週期，打造PAEI互補團隊，因應變革

認識了打造團隊與團隊變革後，我們再回到阿迪茲博士的企業生命週期理論。阿迪茲博士根據研究成果，認為企業從成長到老化的不同週期，會有不同的團隊決策PAEI風格（圖三）。

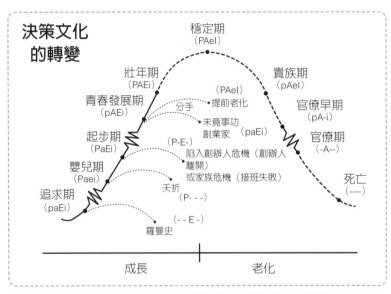

圖三、PAEI與企業生命週期的決策文化

PAEI風格跟每個人的天生的特質、心智發展時期養成的自我認同與個性、成年後經驗累積的習慣領域都有關係，礙於篇幅，以及不是所有讀者喜歡這些基礎學理的知識，筆者在本章只整理應用性知識，提供領導者思考如何在不同企業生命週期，打造團隊並帶領團隊進行變革。

　　PAEI的角色功能與互補性可以預測決策的品質。PAEI風格包含目標導向（Practical）、管理分析導向（Administrative/Analysis）、創業創新導向（Entrepreneurial）、整合導向（Integrative），整理如表一。

表一、**PAEI風格比較表**

（PAEI）風格	學習慣性問題解決	特徵	情緒激動觸發因素	強項	盲點	思維觀點
目標導向（P＿＿） To Win	運用認知理解並接收訊息，並偏好以行動回應	有果斷的判斷力，善於將想法形成理論，善於處理技術問題，善於實際行動，喜歡面對挑戰，容易忽略人際關係問題。	無法掌握（控制）狀況、受牽制、沒有效率、沒有選擇的空間、被支配（Being Used），遭受批評、失敗、無法達成目標。	善於運用矛盾衝突、能快速做出決定、有想法主見、善於適應、積極採取行動、懂得克服困難。	不善傾聽、缺乏耐性、不喜歡團隊合作、不善於表達他（她）的期待、不善於感受與達個人的情緒、不喜歡瑣碎的細節。	目標成果是什麼？（What、Whom、Where）
管理分析導向（＿A＿） To Manage	運用認知理解並接收訊息，並偏好以思考觀察回應	善於歸納分析與解釋、產生理論、模型、概念，對想法、理論等資訊的興趣甚於對人。	他們的工作受到批評、未符合標準或規範、被迫快速地做出決定、變化太快、遭遇不合理、了解規則、面對衝突、犯錯。	善用事實數據事件、歷程、邏輯思考、吸收並歸納資訊、品質管控、提供深思熟慮的意見、遵循規則與標準、找規則與管理。	不善於全局觀、「二分法（either/or）」思維、不善於設定實際行的標準或規範、不善於行動、即採取在團隊內分享、不善於人際溝通與互動。	達成目標或解決問題的流程、步驟、方法（How、How much, How many）

表一、PAEI風格比較表（續）

（PAEI）風格	學習慣性問題解決	特徵	情緒激動觸發因素	強項	盲點	思維觀點
創業創新導向（__E_）To Prove	運用感知理解並接收訊息，並偏好以行動回應	仰賴直覺甚於理性邏輯。善於「做中學」的執行與實踐。喜歡嘗試新經驗、對人友善，但可能會讓人覺得缺乏耐心或善變與人合作。	孤立無援、沒有自由、言論受限，缺乏同儕認同、遭排擠，信用破產、欠乏關愛、嘲笑諷刺、冷言冷語。	運用語言的影響力、樂觀、積極。激勵群眾、表達很少有遺漏，鼓舞他人付出行動，行動快速。	不善於規劃或執行，瑣碎工作、無法貫徹理念，不遵循理念。說太多、較無法控制情緒、不懂得適時間管理。	為什麼要做？目的為何？何時做當是最恰當的時機？（Why, When）
整合導向（___I）To Please	運用認知理解並接收訊息，並偏好以思考觀察回應	善於提供不同的觀點與想法。特別關注意義與價值，對人、文化、藝術有興趣。對人際關係敏感。善於配合他人。	面對衝突、團隊內的不和諧，得罪他人、失去安全感、快速或過多的改變、未被讚美與肯定，個人的衝突、遭孤立於人後。	維持和諧、順應情勢、與人合作，周延完善、值得信賴，善於建立人際關係。	不願多花太多時間付出，不善於決策、不懂得「放下」，尤其是失敗經驗、冒險、不喜歡對衝突。	收關哪些人的利益？由誰去執行？（Who）

表一所整理的PAEI特質都是單一風格的極端表現，一般情況下，PAEI是全腦功能，每個人都有PAEI，只不過神經連結與慣性強弱不同罷了。接下來，我們一起認識PAEI風格之間的差異，可以凸顯人際之間衝突的本質。

表二、PAEI風格常見矛盾對立表

	目標導向 （P＿＿＿） To Win	管理分析 導向 （＿A＿＿） To Manage	創業創新 導向 （＿＿E＿） To Prove	整合導向 （＿＿＿I） To Please
目標導向 （P＿＿＿） To Win	由於都是成果目標導向，衝突點在於彼此目標的優先順序不一致，為了獲得自己的預期成果，不惜與對方形成對立局勢。	P與A風格都具備以理性邏輯，認知理解接收訊息，衝突點在於P風格以希望有效率的解決問題為優先，A風格則偏好分析思考，希望以了解並掌握全局為優先。	P與E風格都偏好以行動來回應，都有很強的行動力與領導魅力，衝突點在於，P風格較看重解決當前的問題，滿足現在的顧客，E風格較看重未來的機會，滿足未來的顧客。	P與I存在本質上的差異矛盾，衝突點在於P重視任務成果，喜歡就事論事，擅長運用矛盾創造優勢。I重視人際關係，關心大家的利益目標是否能得到滿足，不喜歡衝突，喜歡整合對話。
管理分析導向 （＿A＿＿） To Manage		雙方都偏好思考分析，屬內斂風格，如果不進行對話，雙方容易過度假設，衝突點在於雙方對事物的心智模型或理論南轅北轍。	A與E風格存在本質上的差異矛盾，衝突點在於E重視行動，A重視分析管控，E風格非常感性愛冒險，A風格重視務實理性。	A與I接收訊息後，都偏愛觀察，謀定而後動，衝突點在於A風格重視理性的歸納分析，釐清頭緒。I風格重視觀察社會互動與團體動力，A和I的談話常常因為語言不同，頻道對不上。

表二、PAEI風格常見矛盾對立表（續）

	目標導向 （P＿＿＿） To Win	管理分析 導向 （＿A＿＿） To Manage	創業創新 導向 （＿＿E＿） To Prove	整合導向 （＿＿＿I） To Please
創業創新導向 （＿＿E＿） To Prove			由於都感性、衝動、喜歡影響他人，衝突點在於對未來的想像與藍圖不同，加上他們都不拘小節，一起工作常常過於浪漫任性，無法管理。	E與I都運用感知理解（感性）接收訊息，重視感覺與價值，衝突點在於，E風格喜歡做中學（試錯），以證明自己的理論。I風格喜歡配合，幫助大家都能成功。
整合導向 （＿＿＿I） To Please				由於都很溫和，好相處，但很敏感，他們不容易有表面的衝突，如果有衝突，大多都是彼此不擅長說坦承對話，常常為了滿足或配合對方而委屈自己，日子久了，誤會容易愈來愈深。

　　NIKE創辦人奈特（Phil Knight）在自己的回憶錄中敘述如何由代理日本Tiger的鞋，並在成長的過程中尋求金援，與自己大學的田徑教練共同創業，再到與日本公司結束合作關係自行成立NIKE的過程，再到NIKE名字及商標的由來、如何成長茁壯，並永遠處在成長過快，現金永遠不夠的危機，奈特與經營團隊努力不懈的解決公司經營的問題，才得以讓NIKE擁有在今

天運動品牌的世界領先地位。以NIKE創辦人奈特他的團隊爲例，說明企業生命週期，與PAEI互補團隊的關係。

表三、NIKE創辦人奈特與他的團隊

領導者	奈特	不停的奔跑真正的原因是，停下來會讓我感到死亡的恐懼。不要停止奔跑，不要停止創業。人生格言是：打破陳規者，人恆敬之。	（PaEi）
成員一	強生	不擅人際交往，又自閉，但他主動建立客戶名單系統，寫信回覆客戶所有問題，讓他的業務推銷範圍從美國西部十三州，擴大到美國東岸共三十七州，竟成了NIKE的頭號業務戰將。	（pAei）
成員二	伍德爾	奈特最倚賴的管理者，是因一場意外，一輩子只能坐在輪椅上的癱子。這個人除了會計和法務，所有重要位置全都待過。「我希望公司具有這個人的靈魂，」奈特曾經說，他在伍德爾身上看到共同的特質：專注、獨立、熱愛競爭。	（Paei）
成員三	海斯	海斯是奈特在會計師事務所的主管，因為過胖無法成為事務所合夥人，職場失意，但他卻建立NIKE的自動化會計系統。	（pAei）
成員四	史崔瑟	律師出身，從沒做過行銷的NIKE行銷主管史崔瑟，力排眾議，極力主張逆向操作，簽下喬丹。	（paEi）

奈特回憶錄主要紀錄公司草創時期的合作關係，NIKE如何從企業生命週期的追求期（決策文化：paEi），邁入嬰兒期（決策文化：Paei）及起步期（決策文化：PaEi）。奈特的（PaEi）以及團隊成員的PAEI總和，都能符合NIKE從草創到站

穩腳步的起步期的發展需要。阿迪茲博士認爲企業典型部門的PAEI組合類型如下：

表四、典型部門的PAEI組合類型

銷售	行銷	生產	工程	研發	會計	財務	資料處理	法務	人事	人力資源發展
(PAei)	(PaEi)	(PAei)	(PaEi)	(PaEi)	(pAEi)	(PaEi)	(pAEi)	(pAEi)	(PAei)	(paEi)

　　管理的品質，取決於決策的品質和執行的品質。領導者帶領團隊做決策的品質，取決於PAEI四種角色功能是否充分發揮功能。執行的品質則決定於如何善用權勢落實變革執行力（下一節詳細介紹）。首先，我們界定什麼是PAEI互補決策。根據阿迪茲博士的觀點，決策有四個層面，分別是：

做什麼：P

怎麼做：A

爲何做、何時做（時機）：E

誰去做：I

　　如果以函數概念理解決策，除非決策的四個部分，PAEI，都確定了，否則，決策就還沒完成。如果用四方形來表現，決策的PAEI觀點是會相互牽動的，一旦目標確定了，決策的PAEI也可以隨之而定（圖四）。

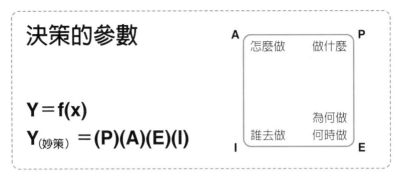

圖四、PAEI互補決策系統函數觀

　　當領導者帶領團隊思考如何解決問題或追求理想時，PAEI思維觀點是互補的（圖五），P觀點強調最終團隊希望得到（或完成）什麼、A觀點在意的是如何設計流程，規劃進度，設下里程碑，方便一路檢核成果、E觀點反思團隊任務的意義以及對這件事的最佳時機、I觀點則重視誰是一起相伴同行的戰友。PAEI互補妙策缺一個角度都不行。

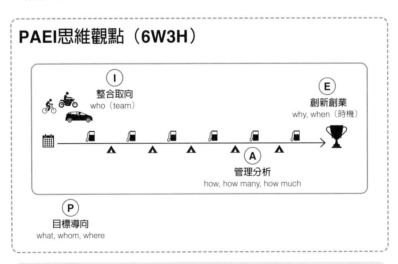

圖五、PAEI思維觀點示意圖

組織要變革，不存在完美PAEI風格領導者，但可以積極打造PAEI互補協作的團隊。阿迪茲博士認為如果希望打造基業長青的企業，建議在成長階段的企業生命週期，刻意發展整合導向習慣領域，強化PAEI團隊互補的能力與工作文化，整理如圖六。

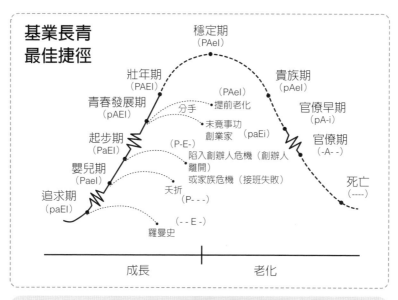

圖六、PAEI與基業長青最佳捷徑

　　常言道：「如果不換腦袋，就換人」。阿迪茲博士的企業生命週期PAEI風格是一個最佳的理論基礎。當企業一旦成立後，不論是領導人還是管理團隊，都必須學習不斷隨著提升企業競爭力的成長需要，刻意練習突破PAEI習慣領域，如果沒有辦法調整團隊人員組成，就必須積極進行PAEI風格轉型以及團隊PAEI功能角色互補，才能做出有品質的決策。

團隊的評估

第一部分：團隊結構環境與人才組成評量
（Team Context and Composition Scale）

根據你對公司及團隊的觀察，圈選出符合現況的描述。

題號	提問	評估				
1	團隊成員對於公司外部威脅與內部挑戰是否具備共同的認知與理解？	1 完全沒有	2	3 偶爾模糊	4	5 非常明確
2	團隊是否能理解公司使命願景及策略主張？	1 完全沒有	2	3 模糊	4	5 非常明確
3	團隊是否依據公司使命願景及策略，近一步延伸展開明確地定義團隊使命及策略主張？	1 完全沒有	2	3 模糊	4	5 非常明確
4	就目前公司的制度與文化而論，「協作」行為是否是團隊獲得績效表現的關鍵且必要的因素？	1 完全不需要	2	3 偶爾需要	4	5 非常需要
5	團隊在企業組織中角色任務是否明確？	1 完全不明確	2	3 還可以	4	5 非常明確
6	團隊是否擁有足夠的職權（authority）得以完成任務？	1 完全沒有	2	3 有一些	4	5 充分職權
7	團隊是否擁有足夠的資源得以完成任務？	1 很克難	2	3 還可以	4	5 資源充足
8	公司的文化（政策與價值觀）是否鼓勵團隊協作？	1 沒有鼓勵	2	3 還好	4	5 非常鼓勵

題號	提問	評估				
9	公司的結構環境（組織及流程設計等）是否鼓勵團隊協作？	1 沒有鼓勵	2	3 還好	4	5 非常鼓勵
10	公司的系統（資訊交流、考核及獎懲制度）是否鼓勵團隊協作？	1 沒有鼓勵	2	3 還好	4	5 非常鼓勵
11	公司是否具備設計周延的團隊人才招募及培訓計畫？	1 偶然任用	2	3 稍微討論	4	5 思考周延
12	團隊內是否具備有效的領導驅動力？	1 各做各的	2	3 普通	4	5 高效的領導
13	團隊內是否具備足夠專業技能、知識與經驗，得以完成任務？	1 非常不足	2	3 還好	4	5 完全能勝任
14	團隊內是否具備人際技能（包含：合作、表達、溝通、傾聽、對話及解決衝突），得以完成任務？	1 非常不足	2	3 還好	4	5 完全能勝任
15	針對任務，團隊的人力編制是否恰當？	1 非常不恰當	2	3 還好	4	5 完全恰當
16	團隊內是否具備足夠的動機或企圖，得以完成任務？	1 非常不足	2	3 部分人有	4	5 非常充足
	平均值					

備註：平均值3.75以上代表企業組織的結構環境與人力組成有利於支持團隊的高績效表現。

第二部分：團隊協作與團隊變革能力評量
（Team Competencies and Change Scale）

根據你對公司及團隊的觀察，圈選出符合現況的描述。

題號	提問	評估			
團隊職能慣性一：能建立默契互信					
1	團隊成員之間是否懂得如何建立默契互信（說到做到）？	1 沒有默契	2	3 還好	4 5 高度默契
團隊職能慣性二：能設定明確且可衡量目標					
2	團隊是否有足夠的能力設定明確且可衡量的目標？	1 非常模糊	2	3 還好	4 5 非常明確
3	團隊是否有足夠的能力達成認知共識，且表現出心理及行為上的承諾？	1 表面同意	2	3 還好	4 5 高度承諾
團隊職能慣性三：能有效地安排任務與賦能					
4	團隊成員對於目標及分工是否能充分理解？	1 很模糊	2	3 還好	4 5 非常清楚
5	團隊成員是否知道如何透過學習增進能力，以完成任務，交出成果？	1 沒有方法	2	3 還好	4 5 有系統有紀律
團隊職能慣性四：能運用有效的問題解決方法論					
6	團隊是否能運用有效的問題解決方法論，以做出妙策？	1 沒有方法	2	3 有一些	4 5 有方法有紀律
7	團隊成員參與、接受與執行決策的程度？	1 消極參與	2	3 部分人有	4 5 積極參與
8	團隊是否鼓勵高績效表現並要求成員交出成果？	1 沒有要求	2	3 還好	4 5 高度要求

題號	提問	評估				
團隊職能慣性五：能進行有效的會議						
9	團隊是否有能力進行有效的會議？（充分的會前準備、恰當的議程、充分討論、做出結論）	1 非常不足	2	3 還好	4	5 完全能勝任
團隊職能慣性六：能建立有效且開放的溝通管道						
10	團隊領導者管理風格的開放程度？（參與式管理：就是由一組人而非一個人參與決策。）	1 集權	2	3 偶而諮詢	4	5 參與式管理
11	團隊成員是否有能力進行開放且自由的對話？	1 封閉受限	2	3 普通	4	5 開放多元
團隊職能慣性七：能處理矛盾衝突						
12	團隊成員是否有能力處理矛盾衝突？	1 都在迴避	2	3 部分人有	4	5 都能處理
13	團隊成員是否有能力相互給予建設性反饋，而不造成人際間攻防？	1 迴避或攻擊	2	3 部分人有	4	5 有效反饋
團隊職能慣性八：能建立相互尊重且合作的工作關係						
14	團隊內相互合作的程度？（角色扮演：行動取向、人際取向、思考取向）	1 各做各的	2	3 還可以	4	5 共同當責
15	團隊領導者與成員之間相互支持的程度？	1 各過各的	2	3 還可以	4	5 互信互賴
團隊職能慣性九：能持續建構（經營）團隊						
16	團隊內是否有意願、有能力反思與質問如何系統性去蕪存菁，讓團隊變得更出色？	1 從未反思	2	3 偶而	4	5 時常反思
17	團隊內是否有足夠的團隊管理相關素養，能發現團隊內部的問題，並能勇於面對與克服？	1 沒有能力	2	3 一點點	4	5 精熟

題號	提問	評估
團隊職能慣性十：能鼓勵高挑戰冒險與創新		
18	團隊是否有意願或能力進行高挑戰冒險與創新，以獲得更好的成果或更高的成就？	1　　2　　3　　4　　5 守成　　　還可以　　積極創新
19	團隊面對及支持必要變革的程度（Growth Mindset）？	1　　2　　3　　4　　5 消極迴避　　還好　　積極面對
20	團隊面對變革，應變（採取行動）的程度？	1　　2　　3　　4　　5 遲遲無行動　部分回應　敏捷學習
	平均值	

備註：平均值3.75以上代表團隊內的協作與變革能力有利於支持團隊的高績效表現。

參考資料

1. Ichak Adizes著，徐連恩譯（1996）。企業生命週期。長河出版。
2. Ichak Adizes著，徐連恩譯（1998）。掌握變革。長河出版。
3. 商業周刊，第1768期。
4. 績效團隊模型，資料來源 http://www.grove.com/site/ourwk_gm_tp.html。
5. W. Gibb Dyer Jr., Jeffrey H. Dyer and William G. Dyer (2013). *Team Building: Proven Strategies For Improving Team Performance*. Jossey-Bass.

第三章

善用權勢
提高變革執行力

　　所有的領導者都會為一件事情感到苦惱，策略或行動計畫都寫（說）的很漂亮，但是都做不到（或做不好）。管理（解決問題）有二隻腳，一隻腳是做出妙策、另一隻腳是當責執行力。企業生命週期理論中，決定變革執行力有三個要素，分別是職權、權力及影響力，又稱之為權勢三要素。變革團隊即便有了周延的PAEI互補計畫，團隊領導者也必須使出渾身解數讓團隊依計畫行動，必要時敏捷應變以交出成果。本章旨在討論權勢的三個要素之間的相互關係，以及進一步認識如何運用權勢，達成組織變革的目標。

一、渾身解數用權勢，培養領導者巧實力

▎要素一：職權（Authority）▎

　　職權指的是制定決策的法定權力，就是可以最後拍板定案，說「可以」或「不可以」的角色。企業在不同生命週期，主管會被賦予說「可以」及「不可以」的職權，有時候主管被賦予說「可以」，但不能說「不可以」（這種情況很少見）；大多數的情況是，主管被賦予說「不可以」，而不能說「可以」的權限。當人們被賦予只能說「不可以」，而沒有說「可以」的權限時，企業便日漸官僚化，失去適應環境變化的能力。

▎要素二：權力（Power）▎

　　權力是一種可以給予獎懲的能力，或者被需要，不可取代的程度。相較於職權，權力不一定會固定在一個人身上，它會隨著情勢與條件移動。人與人之間之一連串的相互依賴關係，誰被需要，誰的不可取代性高，誰就擁有獎懲的權力。換言之，管理者如要執行決策獲得預期成果，最依賴誰？如果是你的部署，部署擁有權力；如果是協力廠商，廠商擁有權力。清朝雍正皇帝與年羹堯將軍的關係，便是這個道理，按理說，皇帝擁有無上的職權，他一個人說了算，但為了平定邊疆的戰事，穩定內政鬥爭，必須依賴年羹堯在邊疆傳回勝利的捷報，因此，年羹堯擁有非常大的權力，當然，精熟中國歷史的朋友都知道，年羹堯因為不懂得收斂其傲慢的行為，威脅了雍正的權威，下場可悲。

▎要素三：影響力（Influence）▎

影響力指的是可以在不用職權、權力就讓別人做事，通常透過提供讓對方信服的資訊、知識，而這些知識訊息能說服對方照你的話做。當一個人理解必須按決策執行的必要性與重要性，他們就是受了影響，這過程反映了他們的自由意志，不是被強迫或是受到威脅。

接下來把職權、權力與影響力，用三個圓圈圈起來，可以得到不同的組合，如圖一所示。

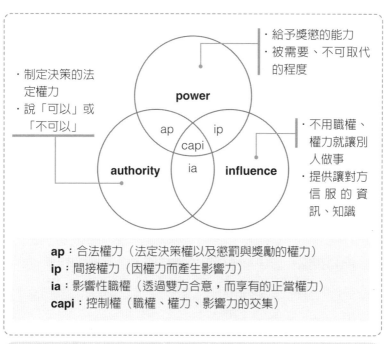

・給予獎懲的能力
・被需要、不可取代的程度

・制定決策的法定權力
・說「可以」或「不可以」

power

ap　ip
capi
ia

・不用職權、權力就讓別人做事
・提供讓對方信服的資訊、知識

authority　influence

ap：合法權力（法定決策權以及懲罰與獎勵的權力）
ip：間接權力（因權力而產生影響力）
ia：影響性職權（透過雙方合意，而享有的正當權力）
capi：控制權（職權、權力、影響力的交集）

圖一、權勢三要素

其中合法權力（ap）指的是法定決策權給予懲罰與獎勵的權力；間接權力（ip）是因權力而產生有說服力的影響力；影響性職權（ia）則是透過雙方協調合意而享有的正當權力，最後職權、權力與影響力的最大交集就是控制權，控制權面積愈大，執行的效率愈高。而總面積就是權勢的範圍（圖二）。

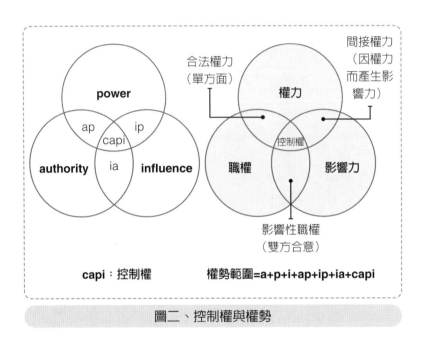

圖二、控制權與權勢

PAEI觀點會形成目標任務的責任區，套上權勢範圍，便可預測執行的效率，見圖三(a)。

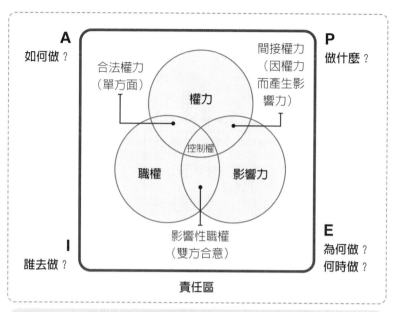

圖三(a)、執行的效率：PAEI責任區與權勢

　　當權勢約略等於目標任務PAEI責任區時，考驗主管的管理能力，見圖三(b)；當權勢大過目標任務PAEI責任區時，老闆可以加大他們的責任區，提高主管任務的挑戰性，見圖三(c)；但如果目標任務PAEI責任區遠大於主管的權勢，建議啟動跨部門的協助，借助他人的智慧與資源，共同完成任務，見圖三(d)。

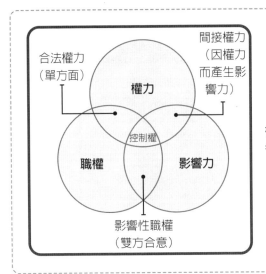

權勢約略等於責任，
考驗經理人管理效率。

圖三(b)、執行力的效率

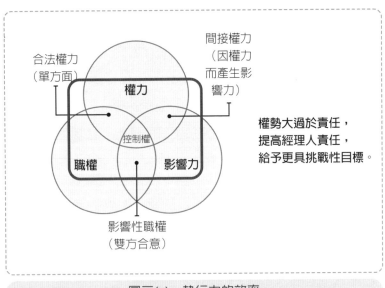

權勢大過於責任，
提高經理人責任，
給予更具挑戰性目標。

圖三(c)、執行力的效率

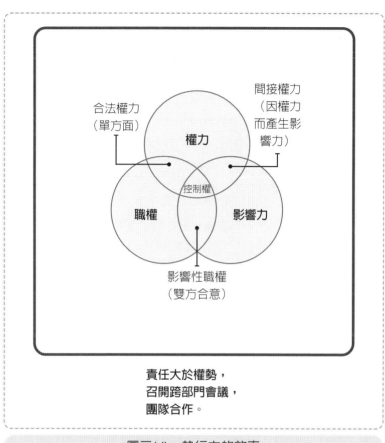

責任大於權勢，
召開跨部門會議，
團隊合作。

圖三(d)、執行力的效率

　　如果主管的權勢約略等於目標任務PAEI責任區，但不同的管理風格與能力，會導致控制權消長，如圖四所示。控制權為零，是所有主管應該極力避免的狀況，至於是否成為一般經理人還是獨裁經理人，則是主管依情況所做的選擇。

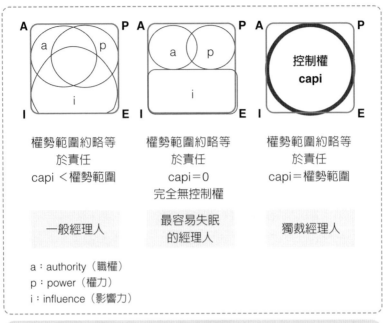

權勢範圍約略等
於責任
capi＜權勢範圍

權勢範圍約略等
於責任
capi＝0
完全無控制權

權勢範圍約略等
於責任
capi＝權勢範圍

一般經理人

最容易失眠
的經理人

獨裁經理人

a：authority（職權）
p：power（權力）
i：influence（影響力）

圖四、控制權

　　舉一個管理上的例子，某零售公司營收總是無法突破，該公司的培訓主管發現其中原因包含，分店主管的養成漫長，需要數年時間，且員工離職率攀高，但培訓主管對全國分店的主管而言，沒有任何法定職權，即便希望透過更好的主管及員工訓練，進而提高銷售，分店主管也沒有必要聽從培訓主管的指令進行變革，所以，即便培訓主管有了企業變革PAEI的完整決策，但培訓主管的權勢面卻遠小於目標責任區（圖五）。

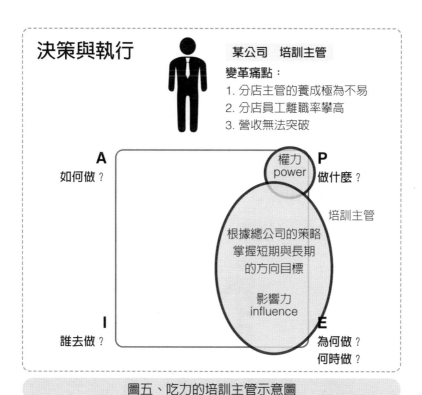

圖五、吃力的培訓主管示意圖

該公司培訓主管深知如果變革要成功，不能硬性要求分店團隊配合公司政策，相反地，必須取得分店團隊的支持，建構總公司與分店之間互相依賴的合作關係。於是積極建構有效的系統，創建出獨特的訓練模式能將培訓成果，轉換為銷售績效。培訓主管在沒有任何實際職權角色下，以夥伴關係與分店團隊建立穩固的信任關係。這些策略戰術與行動成功優化分店主管的養成。當分店主管的管理、溝通及工作指導能力相繼提升後，也提升了員工對分店的認同感與向心力，員工離職率

大幅下降。服務品質、營運流程等更是取得實際的突破（圖六）。

企業生命週期PAEI做妙策，加上權勢三要素的妙用，希望給管理者一個啟發，當成果不如預期時，不要要求別人做出改變配合自己的決策。腦神經科學的習慣領域學說，提醒我們先調整我們的方法習慣，進而影響他人，更容易獲得成果。

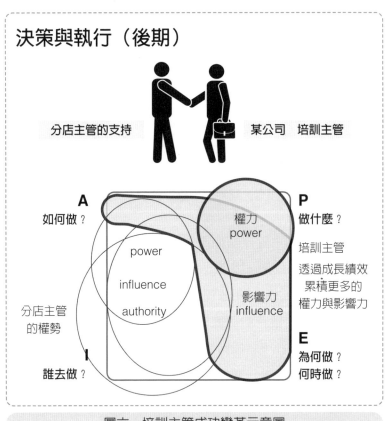

圖六、培訓主管成功變革示意圖

再舉一個案例，某製造業在成長階段過於強調產品銷售，缺乏品質意識，造成客訴不斷，影響公司形象與品牌，大部分的部門都認為品質是品保部門的KPI，不願積極提升產品品質。該公司品保主管即便在品質提升的方法、流程、步驟有出色的經驗與專業，在「怎麼做」以及「做什麼」方面能改善品質擁有權勢，但「為何做、何時做」以及「誰去做」因缺乏權勢，難以幫助企業解決系統性品質不良的困境（圖七）。

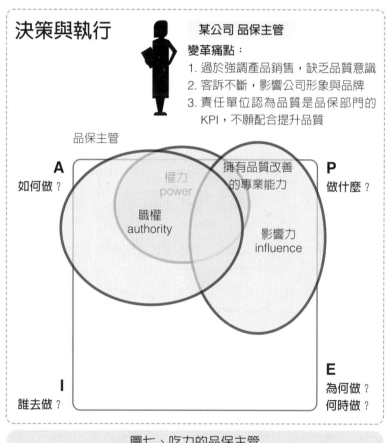

圖七、吃力的品保主管

一開始品保主管不斷在管理會議當中不斷呼籲重視品質問題，造成與其他部門主管相互指責，形成對立衝突。此時，品保主管意識到品質問題不是一個部門的問題，是製造業整體公司品質意識的課題，品保主管必須以整體且系統性的觀點分析問題，找出關鍵的癥結點，提出解決方案，在取得高階主管在「為何做、何時做」的支持後，尋找願意一起合作的部門主管，取得階段性品質改善的成果，獲得「誰去做」並擴大「做什麼」、「怎麼做」的權勢範圍，循序漸進地取得高階主管的肯定，以及其他部門主管的配合，在所有人共同努力之後，成功地形塑公司上下重視品質的工作文化，並以公司高品質低客訴為傲（圖八）。

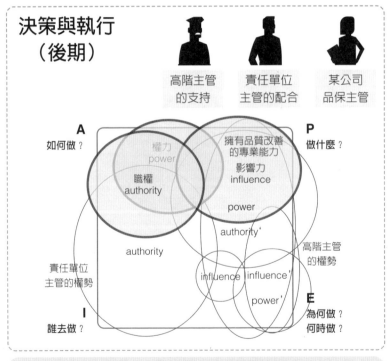

圖八、品保主管成功變革示意圖

二、學會權勢三要素，讓組織變革計畫變得更周延

我們再回來談國泰轉型案例，公司又老又大，工作幾十年的員工習慣了紙本作業以及面對面的銷售與服務，一時之間要轉換為「數位腦」、使用「數位工具」工作，非常難以適應。於是國泰便啟動的「TOWER」計畫，細節整理如表一，根據這些訊息，比對權勢三要素，是否運用這些力量驅動組織變革。

表一、國泰數位轉型TOWER計畫

TOWER 計畫	具體行動	是否運用 職權？	是否運用 權力？	是否運用 影響力？
Top Down 由上而下	由高層經營團隊帶頭推動，願意從對話做起，由上至下好好地溝通，說明轉型變革的意義與步驟	有	有	有
Outside In 由外而內	耗資數億元聘請外商顧問公司，並參訪國外轉型成功的企業，由外而內，標竿學習	有		有
War Room 戰情室	在各子公司成立虛擬團隊，打造各種轉型專案團隊，稱為「戰情室（War Room）」	有	有	
Empower 賦能	強化主管的溝通對話能力，開會不分階級溝通，容許發生可控錯誤			有
Review 查核	定期檢核專案進度，成功繼續做，失敗就打掉重練	有	有	

（資料來源：商業周刊第1768期）

由表一可以綜觀國泰數位轉型計畫涵蓋了決定變革執行力的權勢三要素。

　　再舉一個案例，某企業希望能提高人均生產力，展開一系列的行動，企圖能讓員工採取積極的銷售作為，提高會員綁定數、善用數位數據工具作決策、刻意提升顧客再購率以及高價產品營收占比以增加營收。

表二、某企業提高人均生產力行動計畫

行動計畫	是否運用職權？	是否運用權力？	是否運用影響力？
推派種子教官，提供榮譽感			有
鼓勵以成功經驗塑造個人（銷售員）魅力			有
推動師徒制，老手帶新手教學	有		有
主管必須以身作則，推動政策			有
營造群組內共學氣氛			有
舉辦部門生產力提升競賽			有
公開表揚績效好的同仁			有
月會分享成功案例	有		有
達成顧客高滿意度並取得正面回饋			有
定期舉辦共學讀書會（有目標、有進度、有紀律）	有		有
兩周一次戰略會議分享經驗與成功模式	有		有
調整新專案組織架構	有	有	
將生產力列為升遷或考核標準	有	有	
建構即時且正確的數位資訊系統，包含營運相關的數位儀表板		有	有
建立好用且無壓力的數位操作平台		有	有

由表二可以發現團隊的突破之所以可以成功，在於職權、權力、影響力的巧妙分配。團隊領導者應該將職權（拍板做決策）運用在創造鼓勵高績效表現的關鍵活動，例如：師徒制、月會與讀書會的形式架構、會議的形式架構、組織設計以及獎酬制度方面。其中「調整新專案組織架構」、「將生產力列為升遷或考核標準」不但運用領導者的職權，也包含了掌握員工做出改變的權力（給予獎懲的能力），綜合職權與權力的力量又稱為合法權力。其他行動：

▶ 推派種子教官，提供榮譽感。

▶ 鼓勵以成功經驗塑造個人魅力。

▶ 主管必須以身作則，推動政策。

▶ 營造群組內共學氣氛。

▶ 舉辦部門生產力提升競賽。

▶ 公開表揚績效好的同仁。

▶ 達成顧客高滿意度並取得正面回饋。

　　都是希望能在不用職權或權力的前提下，引導員工打破工作慣性，達成團隊變革的目標。另外，「建構即時且正確的數位資訊系統，包含營運相關的數位儀表板」及「建立好用且無壓力的數位操作平台」二項行動是典型的間接權力，團隊領導者巧妙地結合了權力（好用到不可取代的平台）以及影響力（數位系統讓員工變聰明），大大地提高了變革執行力。企業生命週期的PAEI風格觀點幫助團隊領導者，對「事情」做出面

面俱到的決策，權勢三要素則幫助領導者考慮「人」的種種因素，檢視行動方案是否能讓不願做的人願意做，不會做的人學會做。

參考資料

1. Ichak Adizes著，徐連恩譯（1996）。企業生命週期。長河出版。
2. Ichak Adizes著，徐連恩譯（1998）。掌握變革。長河出版。
3. 商業周刊，第1768期。

第四章

看不出問題在哪裡？
五層次冰山透視法

　　企業的生命週期如果簡化爲草創求生存、擴張求發展、變革（包含接班、升級、創新、轉型）求突破，每個階段都需要面對發展人才與領導團隊的課題。筆者最常從企業CEO或高階主管聽到的感慨：

　　「爲什麼他們總是跟我談細節，沒辦法思考策略？」

　　「他們的優點就是聽話，很忠誠，可是只有我在（能）思考策略。」

　　「我已經知道公司的下一步是什麼，但是他們聽不懂，所以一直在抗拒。」

　　「難道要我停下來等他們成長？我擔心公司撐不到那時候。」

　　「要他們做事可以，但他們沒有思考能力，沒有解決問題能力。」

企業希望透過種種擴張（客戶、產品、服務、通路、事業）以求企業發展時，企業CEO及高階主管必須透過各種管理人才及專業人員的協作互補才能達成預期的目標成果。然而，當年這群「聽話而忠誠」的團隊或員工，不見得能勝任新的任務，企業CEO及高階主管開始威脅利誘，希望他們能改變，元老的團隊與員工開始不理解或抱怨老闆的嚴厲與不念舊情，雙方從相愛到相怨，從互賴到互斥。如果企業從外部空降人才進入公司，一方面跟高階主管需要慢慢磨合培養默契，又要擔心無法融入企業的業態與文化而離開。企業在不斷成長突破的過程中，企業領導者不僅僅需要面對外來的種種威脅與挑戰，雪上加霜的是內部的人才發展與團隊管理議題扯後腿。筆者主張台灣企業的高潛力領導人才（尤其是中小企業），除了要懂專業要有績效之外，一定要會帶團隊（領導團隊），要會教人（成為教練）。根據「全球領導力展望」研究報告的建議，透過廣泛運用同儕教練和外部導師輔導企業，能有效地建立教練文化，培養企業高潛力領導人才，厚實企業領導力的板凳深度（未來三年內能夠填補關鍵領導職位的適任領導者）。而後設認知及問題解決能力，是企業高潛力領導人面對VUCA時代具備的能力素養。

　　後設認知是問題解決能力的基礎。後設認知（Metacognition），指一個人控制、管理及引導自我心智歷程的能力，又稱為人們「認知的認知」。後設認知又包含概念思考、分析思考及心智模型。概念式思考，就是站在整體大格局

的高度，藉由拼湊片段來理解一個狀況或問題，進而找出事件或瑣碎資訊之間的關聯性或模式。概念思考的主要表現是發現某種關聯性或模式，能注意到他人沒注意到的差異或矛盾，並迅速把握問題的關鍵採取行動。概念思考的層次整理如下：

level 5 針對複雜的問題或處境，提出新見解

level 4 可以化繁為簡

level 3 運用理論工具幫助思考

level 2 從經驗（瑣碎的資訊事件）中發現其中的規則或趨勢

level 1 習慣具象的思考（只能看見眼前的細節現象，無法連結或歸納出模式或關聯）

　　分析式思考，是將任務或問題細分成細小的部分，有系統地將一個問題或事件的各個部分組織起來，有系統地比較不同的特性或構面，依據理性設定優先順序，找出時間的順序、因果關係。換言之，分析思考是一步步探究問題事件深層意涵的一種分析能力。分析思考的層次整理如下。好的後設認知能力，有助於人們進行系統分析。

level 6 系統地分析問題，運用工具訂定多個解決方案與計畫

level 5 系統地分析問題，運用工具訂定解決方案與計畫

level 4 發現事件之間複雜的因果牽動關係

level 3 發現基本因果關係

level 2 將問題轉化為一系列的工作項目

level 1 未進行分析，直接反應、執行或回應

什麼是心智模型（Mental Model）？心智模型是深植我們心中，對於自己、他人、組織及周遭世界的基本假定（假設）或意象。每個人都會有心智模型，心智模型往往有以下特性：

▶ 心智模型會決定一個人觀察事物的視角，並作出結論。

▶ 心智模型會主導我們的思考與行為。

▶ 心智模型會讓人們將自己的推論視為事實。

▶ 心智模型往往不完整、不科學甚至迷信。

　　概念思考有關理論的建構、分析思考有關理論架構的妙用、心智模型是一個人對世界與自我的詮釋，必須藉由反思才能覺察對人事物的基本假定，進而挑戰自己的思維框架，突破思考的習慣領域。探索使命願景，思考策略戰術，逆境轉念與問題解決的過程，必須發揮後設認知與反思的能力，後設認知包含了概念思考、分析思考、心智模型（圖一）。接著介紹問題解決步驟，以及幫助系統思考的管理工作：看問題五層次。

圖一、後設認知與思考

一、問題解決方法論：ABCDE模式

　　問題解決的思考歷程包含發散與收斂的過程，見圖二。「問題」有二種，一個是Problem（問題），另一個是Question（課題），問題（Problem）指的是目標與現況的落差；課題（Question）才是真正要解決命題，先描述問題，再探索課題。第一階段「提問與分析（Ask and Analyze）」，我們必須先描述所面臨的問題，分辨它的類型，是「預防不良」、「恢復原狀」還是「追求理想」，根據科學理性與現實設定優先順序，選定待解決的問題，進行系統性分析，進而定義核心課題。第二階段「腦力激盪（Brainstorm）」，針對課題列出並選定適當的方法工具，腦力激盪列出並選定所有可能的解決方案。第三階段「做出妙策（Choose）」，針對選定的方案，列出並選定適合的方法工具，設計並規畫有共識的行動方案。第四階段「分工執行（Do）」，宣導並貫徹共同當責、團隊當責的原則，共同協作分工，有人主動出擊，有人補位掩護，交出傑出的成績單。第五階段「評估果效（Evaluate）」，建立原則系統機制，不斷精進。

問題解決 ABCDE 模型

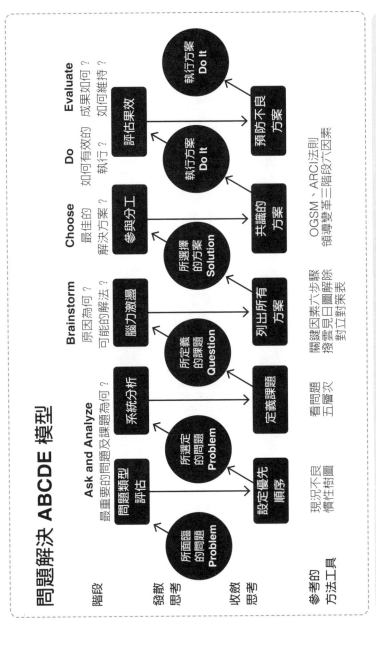

圖二、問題解決的發散與收斂思考歷程

從圖三基業長青的企業發展週期來看，當企業組織進入青春發展及壯年期，PAEI風格中的「A（管理分析導向）」，必須開始發揮更大的功能。就企業生命週期理論的觀點，當企業團隊在初步成長（追求期、嬰兒期、起步期）的時候，或許還不太需要留意工作方法及團隊思考默契的課題，只要讓顧客上門，把產品服務賣出去就可以了，然而，一旦企業團隊邁入青春發展期，團隊內部必須針對溝通、互補、協作等管理課題，尋求一致且有共識的工具方法，以確保整個企業團隊有一致的節奏。筆者希望透過分享問題解決ABCDE模式，幫助企業團隊發展有默契的問題解決方法論，應用於每天的行動會議，重要的管理會議，甚至經營層的策略對話當中。第四至第六章將分別介紹幾個相當實用的分析工具，企圖幫助團隊成員打破過去思考討論的舊習，藉由學習並運用這些方法，發展新的思考與集思廣益的習慣，刻意培養概念思考、分析思考及深度反思等後設認知能力，建立更高效的工作文化，畢竟，企業文化就是集體慣性的總和，企業的突破必須從每個人願意養成一個好習慣開始。

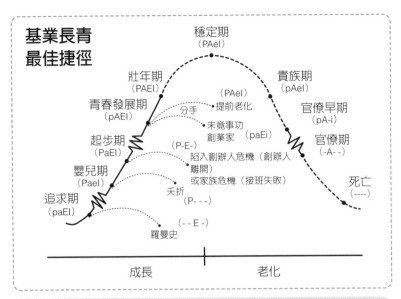

基業長青
最佳捷徑

穩定期
（PAeI）

壯年期
（PAEI）

貴族期
（pAel）

（PAel）

青春發展期
（pAEI）

分手　●提前老化

官僚早期
（pA-i）

起步期
（PaEI）

嬰兒期
（PaeI）

（P-E-）

末竟事功
創業家　（paEi）

陷入創辦人危機（創辦人
離開）
或家族危機（接班失敗）

官僚期
（-A- -）

追求期
（paEI）

夭折
（P- - -）

死亡
（----）

羅曼史

（- - E -）

成長　　　　　　老化

圖三、PAEI與基業長青最佳捷徑（詳見第一章之企業生命週期）

　　本章開始跟大家分享幫助我們進行系統分析的工具：看問題五層次（圖四）。看問題五層次的分析成果，便是希望能幫助團隊，以整體系統觀，深入地挖掘問題事件背後深層意涵，進而找出高槓桿解方，避免局部最適，顧此失彼，追求整體最適。

　　問題事件的出現，有如冰山，如果只看到眼前的現象狀況，便形成一系列的工作項目，容易是事倍功半的低槓桿解方。看問題五層次，由上而下分別是問題事件（Problem）、模式循環（Pattern）、結構環境（Structure）、心智模型（Mental

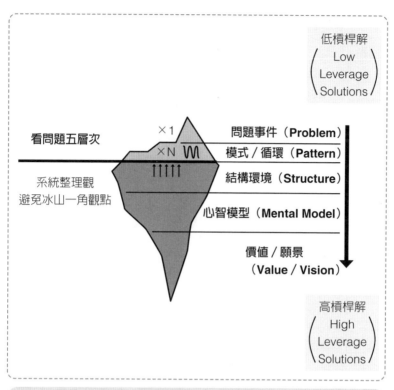

圖四(a)、看問題五層次

Model）、價值判斷（Value）或願景（Vision）。以下分別介紹，並舉例說明。（註：故事案例爲確保企業團隊的隱私與機密，經過簡化及改寫，僅供學習理解參考之用。）

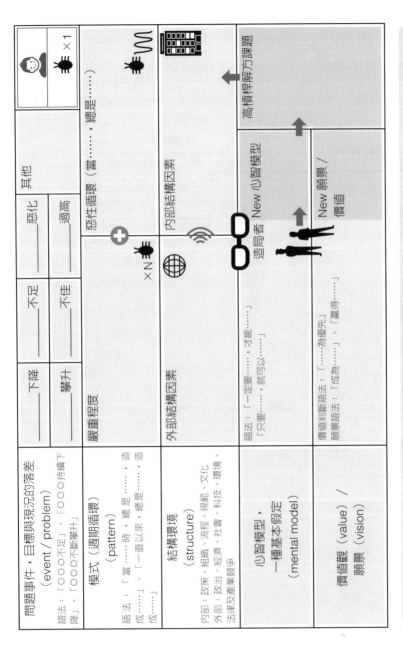

	下降 ——— 惡化 ———	不足 ———	惡化 ———	其他	☺ ✗ × 1
攀升 ——— 過高 ———	不佳 ———	過高 ———			

問題事件，目標與現況的落差
（event / problem）

語法：「○○○不足」、「○○○持續下降」、「○○○不斷攀升」

模式（週期循環）
（pattern）

語法：「當⋯⋯時，總是⋯⋯」、「一直以來，總是⋯⋯造成⋯⋯」、「總是⋯⋯造成⋯⋯」

嚴重程度

惡性循環（當⋯⋯，總是⋯⋯）

結構環境
（structure）

內部：政策、組織、流程、規範、文化
外部：政治、經濟、社會、科技、環境、法律及產業競爭

外部結構因素

內部結構因素

心智模型，
一種基本假設
（mental model）

語法：「一定要⋯⋯才能⋯⋯」、「只要⋯⋯，就可以⋯⋯」

造局者 New 心智模型

價值觀（value）/
願景（vision）

價值判斷語法：「⋯⋯為優先」
願景語法：「成為⋯⋯」、「贏得⋯⋯」

New 願景 /
價值

高槓桿解方課題

圖四(b)、看問題五層次

二、看問題五層次：描述問題事件

秉持「說（寫）不清楚，做不到；無法衡量，不存在」原則，問題解析的第一關：描述問題。問題類型若分為「預防不良」、「恢復原狀」、「追求理想」三類，管理上常見的問題描述可以運用這些語法，「○○○太高」「○○○不足」、「○○○持續下降」、「○○○不斷攀升」、「○○○無法提升」、「○○○不佳」、「○○○停滯」、「○○○不順利」等。例如：

▶咖啡營收占比低。

▶自助點餐機使用率持續下降。

▶產能不足，無法滿足顧客需要。

▶作業員人力不足，導致產能無法滿足顧客需求。

▶顧客滿意度不佳。

▶人事成本持續上升。

▶營業額不佳。

▶業務量停滯，無法突破。

▶出貨不順利。

▶管理成本攀升。

▶新客戶開發困難。

三、看問題五層次：描述模式循環

如果「問題事件」是你在家裡發現一隻蟑螂，通常會假設不會只有一隻，而是有一窩，那麼「模式循環」就是描述到底家裡有多少蟑螂（惡化的程度）以及掌握它們出現的慣性（惡性循環與模式）。以「咖啡營收占比低」、「自助點餐機使用率持續下降」、「產能不足，無法滿足顧客需要」、「營收持續下降」為例，這些問題大多已經持續一段時間，需要進一步觀察與反思是否存在一定的模式、慣性或惡性循環（發揮概念思考能力）。如果要描述慣性模式或循環，通常會這麼說：

「當……時，總是……，造成……」

「一直以來，總是……，造成……」

▌成功案例一：賣咖啡 ▌

問題事件 （目標與現況的落差） 語法：「〇〇〇不足」、 「〇〇〇持續下降」、 「〇〇〇不斷攀升」	某連鎖餐廳咖啡營收占比低。
模式（週期循環） 語法：「當……時，總是……，造成……」、 「一直以來，總是……，造成……」	一直以來，長時間銷售咖啡的人力配置低，總是沒有積極介紹與推廣咖啡產品，造成數月以來咖啡營收持續沒有提升。餐廳總營收雖然表現好，但公司對咖啡銷售遲遲無法突破感到不耐。

成功案例二：自助點餐機

問題事件 （目標與現況的落差） 語法：「〇〇〇不足」、 「〇〇〇持續下降」、 「〇〇〇不斷攀升」	某連鎖餐廳自助點餐機使用率持續下降。
模式（週期循環） 語法：「當……時，總是……，造成……」 「一直以來，總是……，造成……」	當餐廳人力吃緊時，值班經理總是將自助點餐機引導（介紹）人力，移置實體營運工作站，進而造成顧客上門直接點餐（未使用自助點餐機），即使使用點餐機也常常遇到使用問題，無人協助而放棄，造成顧客使用率下降。

成功案例三：產能不足

問題事件 （目標與現況的落差） 語法：「〇〇〇不足」、 「〇〇〇持續下降」、 「〇〇〇不斷攀升」	某製造業產能不足，無法滿足顧客需要。
模式（週期循環） 語法：「當……時，總是……，造成……」 「一直以來，總是……，造成……」	• 當關鍵顧客需求量大時，總會造成排擠訂單、搶單或急插單的現象。 • 只要工廠稼動率高到瓶頸，就會擠壓設備保養時間，造成設備當機率上升，抑制產能。 • 只要生產客製化排程，由於生產準備工序複雜，就必須運用大量人力和時間。

問題事件 （目標與現況的落差） 語法：「○○○不足」、 「○○○持續下降」、 「○○○不斷攀升」	某健身中心營收持續下降。
模式（週期循環） 語法：「當……時，總 是……，造成……」、 「一直以來，總是……， 造成……」	健身中心，一直以來，空有大店面及多樣化的設備，總是沒人來運動。公司往往先追求展店數極大化，接著推銷私人教練課程衝業績，希望先預收會員費穩定現金流，用多樣化設備吸引顧客，拼命砸廣告吸引加盟者進場開店，但看到空蕩蕩的健身館，就是沒有信心加入加盟。

四、看問題五層次：勾勒結構環境

　　問題事件及經營管理的惡性循環，絕非一日之寒，如果這個時候做出反應，常常會是「打地鼠」、「打蟑螂」的事倍功半。筆者建議別急著下決策，即便現在下判斷的行動，大概也是治標不治本，因為這個時候的選擇，往往是從經驗而來且先入為主的選擇，不見得是最佳的解決方案。筆者建議反思為什麼家裡會有蟑螂，是什麼樣的環境與生活習慣，成為蟑螂群聚且滋生的溫床。大多數人對於「結構（Structure）」的認識較為模糊，不知道如何深入挖掘問題及循環模式背後深層的結構。筆者喜歡以印度的種姓制度來舉例。

　　婆羅門教的聖典《梨俱吠陀》中記載擁有千頭、千手、千足的「原人」布魯沙被分割，「他的嘴變成了婆羅門，他的雙臂變成了羅闍尼耶（剎帝利），他的雙腿變成了吠舍，他的雙

腳生出首陀羅」。所以，印度的四大種姓整理如下，一個人的種姓幾乎決定他的命運。

第一等級是「婆羅門」，其實就是祭司，也是後來的僧侶貴族，他們解釋宗教經典和祭神的特權以及享受奉獻的權利，主教育。

第二等級是「剎帝利」，就是軍事貴族和行政貴族，他們是婆羅門的受眾，守護婆羅門，擁有徵收各種賦稅的特權，主軍事和政治。

第三等級是「吠舍」，其實就是普通雅利安人，沒有什麼特權，必須納稅來供養前兩個等級，但他們也屬於雅利安人，主商業。

第四等級是「首陀羅」，其實就是包括達羅毗荼人在內的大多數被雅利安人征服的原土著居民，從事低賤的職業。

但「首陀羅」還不算最差的，在「四大種姓」之下，又發展出一個「達利特」，但嚴格意義上這類人不算擁有種姓，他們在印度從事最最低賤的職業，所以被稱為「賤民」。

這五大種姓（含賤民）彼此之間有嚴格的壁壘，別說不能通婚或交往，高種姓人別說觸摸低種姓人，甚至摸過後者觸摸過的東西，踏到後者的影子都會認為是被褻瀆了。

1947年，印度獨立後頒布了印度共和國憲法，規定「任何人不得因種姓、宗教、出生地而受歧視。」然而，由於種姓制度已在印度存在數千年，很多人（尤其是廣大農村地區）這種

根深蒂固的觀念根本不可能在一夜之間消失。在這樣的社會結構環境下，每個人的命運、思想、行為都深深地受到影響。

對國家社會而言，有政治體制（政府組織）、法律、文化信仰等結構環境來節制人民。企業組織有政策、組織、流程、規範、文化等維持運作。所以，我們應該反思目前所觀察描述的問題及模式循環，是被什麼樣的結構環境所誘發。鼓勵及引導惡性（或良性）循環的結構環境分為內部因素及外部因素。外部結構包含，政治面、經濟面、社會面、科技面、環境面、法律面及產業的競爭環境等；內部結構不外乎，高階領導力、財務構面、顧客構面、創新技術構面、流程與管理構面及人才構面等。以下為參考案例。

▍成功案例一：賣咖啡 ▍

問題事件 （目標與現況的落差） 語法：「〇〇〇不足」、「〇〇〇持續下降」、「〇〇〇不斷攀升」	某連鎖餐廳咖啡營收占比低。
模式（週期循環） 語法：「當……時，總是……，造成……」、「一直以來，總是……，造成……」	一直以來，長時間銷售咖啡的人力配置低，總是沒有積極介紹與推廣咖啡產品，造成數月以來咖啡營收持續沒有提升。餐廳總營收雖然表現好，但公司對咖啡銷售遲遲無法突破感到不耐。
結構環境 內部：政策、組織、流程、規範、文化 外部：政治、經濟、社會、科技、環境、法律及產業競爭	外部： • 餐廳座落的商圈，咖啡品牌競爭激烈。 內部（政策、組織、流程、規範、文化）： • 在制度層面：雖然有咖啡銷售政策，但銷售咖啡沒有特定的獎勵。 • 在人力層面：沒有落實人力配置。

成功案例二：自助點餐機

問題事件 （目標與現況的落差） 語法：「○○○不足」、 「○○○持續下降」、 「○○○不斷攀升」	某連鎖餐廳自助點餐機使用率持續下降。
模式（週期循環） 語法：「當……時，總是……，造成……」、 「一直以來，總是……，造成……」	當餐廳人力吃緊時，值班經理總是將自助點餐機引導（介紹）人力，移置實體營運工作站，進而造成顧客上門直接點餐（未使用自助點餐機），即使使用點餐機也常常遇到使用問題，無人協助而放棄，造成顧客使用率下降。
結構環境 **內部**：政策、組織、流程、規範、文化 **外部**：政治、經濟、社會、科技、環境、法律及產業競爭	**外部：** ● 數位點餐及外送服務，逐漸普及。競爭激烈。 ● 顧客持續反應APP介面步驟太多，不好用。 **內部（政策、組織、流程、規範、文化）：** ● 管理政策有規範自助點餐機人力編制，但現場未落實。 ● 自助點餐機雖是公司政策，但沒有相關獎懲機制，店面不配合，也沒差（頂多被唸）。但總營收下降，會被盯。 ● 店面設備太少，尖峰時段使用自助點餐反而會排隊。

▌成功案例三：產能不足▐

問題事件 （目標與現況的落差） 語法：「○○○不足」、 「○○○持續下降」、 「○○○不斷攀升」	某製造業產能不足，無法滿足顧客需要。
模式（週期循環） 語法：「當……時，總是……，造成……」、 「一直以來，總是……，造成……」	● 當關鍵顧客需求量大時，總會造成排擠訂單、搶單或急插單的現象。 ● 只要工廠稼動率高到瓶頸，就會擠壓設備保養時間，造成設備當機率上升，抑制產能。 ● 只要生產客製化排程，由於生產準備工序複雜，就必須運用大量人力和時間。
結構環境 內部：政策、組織、流程、規範、文化 外部：政治、經濟、社會、科技、環境、法律及產業競爭	**外部：** ● 同業競爭激烈。 **內部（政策、組織、流程、規範、文化）：** ● 公司政策要求全面滿足顧客需求。量大量少訂單通吃。 ● 生產流程胃納量低於訂單需求，設備保養時間不足，當機及故障率高。 ● 人力不足，加上新人離職率高。

問題事件 （目標與現況的落差） 語法：「○○○不足」、 「○○○持續下降」、 「○○○不斷攀升」	某健身中心營收持續下降。
模式（週期循環） 語法：「當……時，總 是……，造成……」、 「一直以來，總是……， 造成……」	健身中心，一直以來，空有大店面及多樣化的設備，總是沒人來運動。公司往往先追求展店數極大化，接著推銷私人教練課程衝業績，希望先預收會員費穩定現金流，用多樣化設備吸引顧客，拼命砸廣告吸引加盟者進場開店，但看到空蕩蕩的健身館，就是沒有信心加入加盟。
結構環境 內部：政策、組織、流程、規範、文化 外部：政治、經濟、社會、科技、環境、法律及產業競爭	外部： ● 社會健康休閒氣氛興起。 ● 新興健身中心品牌及公立運動中心林立，民眾選擇多，競爭非常激烈。 內部（政策、組織、流程、規範、文化）： ● 公司政策往往先追求展店數極大化，接著推銷私人教練課程衝業績，希望先預收會員費穩定現金流。會員費低價競爭。 ● 策略上運用多樣化設備吸引顧客，拼命砸廣告吸引加盟者進場開店。

五、反思心智模型與價值判斷

　　最後要質問的對象是家或廚房的主人（造局者）如何做決策與管理家務或廚房（企業團隊）如何影響蟑螂事件。問題事件、模式循環及結構環境都屬於客觀事實或現象的系統性整理，心智模型與價值願景則是主觀的觀點。系統分析最容易被忽略的就是擁有權勢（職權、權力、影響力）的「造局者」在問題事件狀況中的角色。在同一家企業當中，雖然處於相同的結構環境，但對不同層級的主管而言，會有不同的心智模型與價值判斷。「心智模型（Mental Model）」指深植我們心中，對於自己、他人、組織及周遭世界的基本假定（假設）或意象。每個人都會有心智模型，心智模型會主導我們的思考與行為，決定一個人觀察事物的視角，甚至會讓人們將自己的推論視為事實。在「看問題五層次」系統分析的過程當中，最容易被忽略的關鍵因素就是當時作出決策的主管。看問題五層次的分析過程是一種失敗歸因的歷程，反思心智模型與價值判斷需要具備「成長心態（Growth Mindset）」，需要極大的勇氣與坦誠，請見以下案例。

▎成功案例一：賣咖啡 ▎

問題事件 （目標與現況的落差） 語法：「〇〇〇不足」、「〇〇〇持續下降」、「〇〇〇不斷攀升」	某連鎖餐廳咖啡營收占比低。
模式（週期循環） 語法：「當⋯⋯時，總是⋯⋯，造成⋯⋯」、「一直以來，總是⋯⋯，造成⋯⋯」	一直以來，長時間銷售咖啡的人力配置低，總是沒有積極介紹與推廣咖啡產品，造成數月以來咖啡營收持續沒有提升。餐廳總營收雖然表現好，但公司對咖啡銷售遲遲無法突破感到不耐。
結構環境 內部：政策、組織、流程、規範、文化 外部：政治、經濟、社會、科技、環境、法律及產業競爭	**外部：** ● 餐廳座落的商圈，咖啡品牌競爭激烈。 **內部（政策、組織、流程、規範、文化）：** ● 在制度層面：雖然有咖啡銷售政策，但銷售咖啡沒有特定的獎勵。 ● 在人力層面：沒有落實人力配置。
心智模型 （一種基本假定） 語法：「一定要⋯⋯，才能⋯⋯」 「只要⋯⋯，就可以⋯⋯」	造局者（餐廳主管）：只要餐廳的總營收夠好，不用花太多時間資源賣咖啡。
價值或願景 價值判斷語法：「⋯⋯為優先」 願景語法：「成為⋯⋯」、「贏得⋯⋯」	價值判斷：餐廳總營收優先。

這位餐廳主管長期苦於自責且「要做不做」的心理拉扯，經過勇敢且坦誠的自我剖析，發現自己的顧此失彼是過於重視眼前餐廳總營收，而忽略總公司推動咖啡品項的策略目標，這是常見過度強調「P（目標導向）」的觀點念頭，希望滿足眼前短期的顧客，而可能忽略或放棄未來的顧客，也就是「E（創新創業）」注重長期效果及滿足未來顧客的觀點。

▌成功案例二：自助點餐機▌

問題事件 （目標與現況的落差） 語法：「〇〇〇不足」、「〇〇〇持續下降」、「〇〇〇不斷攀升」	某連鎖餐廳自助點餐機使用率持續下降。
模式（週期循環） 語法：「當……時，總是……，造成……」、「一直以來，總是……，造成……」	當餐廳人力吃緊時，值班經理總是將自助點餐機引導（介紹）人力，移置實體營運工作站，進而造成顧客上門直接點餐（未使用自助點餐機），即使使用點餐機也常常遇到使用問題，無人協助而放棄，造成顧客使用率下降。
結構環境 **內部**：政策、組織、流程、規範、文化 **外部**：政治、經濟、社會、科技、環境、法律及產業競爭	**外部：** ● 數位點餐及外送服務，逐漸普及。競爭激烈。 ● 顧客持續反應APP介面步驟太多，不好用。 **內部（政策、組織、流程、規範、文化）：** ● 管理政策有規範自助點餐機人力編制，但現場未落實。 ● 自助點餐機雖是公司政策，但沒有相關獎懲機制，店面不配合，也沒差（頂多被唸）。但總營收下降，會被盯。 ● 店面設備太少，尖峰時段使用自助點餐反而會排隊。

心智模型 （一種基本假定） 語法：「一定要……，才能……」 「只要……，就可以……」	造局者（餐廳主管）：一定要先安排營運人力，才能服務顧客。
價值或願景 價值判斷語法：「……為優先」 願景語法：「成為……」、「贏得……」	價值判斷：餐廳總營收優先。

　　這位餐廳主管長期苦於雖期望員工提升自助點餐機的使用率，但當尖峰時間一到，又礙於營收，習慣性地漠視落實人力分配的政策的重要性，造成自助點餐機使用持續下降。經過勇敢且坦誠的自我剖析，發現自己的顧此失彼也是過於重視眼前餐廳總營收，是常見過度強調「P（目標導向）」的觀點念頭，希望滿足眼前短期的顧客，但不理解總公司推動數位點餐政策的意義（競爭對手已紛紛推出結合不同科技的數位服務流程），忽略或放棄未來的顧客（消費者比過去更依賴數位科技解決問題），也就是「E（創新創業）」注重長期效果及滿足未來顧客的觀點。

▌成功案例三：產能不足▐

問題事件 （目標與現況的落差） 語法：「○○○不足」、 「○○○持續下降」、 「○○○不斷攀升」	某製造業產能不足，無法滿足顧客需要。
模式（週期循環） 語法：「當……時，總是……，造成……」、 「一直以來，總是……，造成……」	• 當關鍵顧客需求量大時，總會造成排擠訂單、搶單或急插單的現象。 • 只要工廠稼動率高到瓶頸，就會擠壓設備保養時間，造成設備當機率上升，抑制產能。 • 只要生產客製化排程，由於生產準備工序複雜，就必須運用大量人力和時間。
結構環境 **內部**：政策、組織、流程、規範、文化 **外部**：政治、經濟、社會、科技、環境、法律及產業競爭	**外部：** • 同業競爭激烈。 **內部（政策、組織、流程、規範、文化）：** • 公司政策要求全面滿足顧客需求。量大量少訂單通吃。 • 生產流程胃納量低於訂單需求，設備保養時間不足，當機及故障率高。 • 人力不足，加上新人離職率高。
心智模型 （一種基本假定） 語法：「一定要……，才能……」 「只要……，就可以……」	造局者（生產主管）：一定要滿足業務訂單，才能完成任務。
價值或願景 價值判斷語法：「……為優先」 願景語法：「成為……」、 「贏得……」	價值判斷：KPI績效優先。

這位生產主管長期苦於加班趕貨與維修故障的設備。經過冷靜且坦誠的自我剖析，發現自己的顧此失彼是過於重視自己部門的績效KPI，認為不斷地滿足業務開出的訂單才是敬業的表現，是常見過度強調「P（目標導向）」的觀點念頭。缺乏以「A（管理分析）」觀點，挑戰與質問整體流程的設計是否有改善或改造的需要，才能更符合目前及未來訂單的需要，也就是「E（創新創業）」，注重長期效果及滿足未來顧客的觀點。

成功案例四：健身中心

問題事件（目標與現況的落差） 語法：「○○○不足」、「○○○持續下降」、「○○○不斷攀升」	某健身中心營收持續下降。
模式（週期循環） 語法：「當……時，總是……，造成……」、「一直以來，總是……，造成……」	健身中心，一直以來，空有大店面及多樣化的設備，總是沒人來運動。公司往往先追求展店數極大化，接著推銷私人教練課程衝業績，希望先預收會員費穩定現金流，用多樣化設備吸引顧客，拼命砸廣告吸引加盟者進場開店，但看到空蕩蕩的健身館，就是沒有信心加入加盟。
結構環境 **內部**：政策、組織、流程、規範、文化 **外部**：政治、經濟、社會、科技、環境、法律及產業競爭	**外部：** ● 社會健康休閒氣氛興起。 ● 新興健身中心品牌及公立運動中心林立，民眾選擇多，競爭非常激烈。 **內部（政策、組織、流程、規範、文化）：** ● 公司政策往往先追求展店數極大化，接著推銷私人教練課程衝業績，希望先預收會員費穩定現金流。會員費低價競爭。 ● 策略上運用多樣化設備吸引顧客，拼命砸廣告吸引加盟者進場開店。
心智模型（一種基本假定） 語法：「一定要……，才能……」「只要……，就可以……」	造局者（CEO）：一定要有大量會員，有忠誠度，才有營收。
價值或願景 價值判斷語法：「……為優先」 願景語法：「成為……」、「贏得……」	擴張，成為最大品牌。

雖然這家健身中心爲跨國品牌，但這位CEO所領導的團隊在國內的經營卻承受長期的虧損，顧此失彼之處在於過度強調「P（目標導向）」的觀點念頭，一味地只在乎擴張，希望交出亮麗的財報數字，最後，事與願違失敗收場。缺乏以「A（管理分析）」觀點，挑戰與質問公司內部的顧客政策以及整體管理內控是否能滿足顧客的需要，甚至是否偏離企業的價值初衷，事實上，從財務數字來看已經回答了這個問題：CEO及他的團隊不了解顧客真正的需要或痛點。

六、高槓桿解方：帶來突破的心智模型與願景

系統性分析的看問題五層次來到了最關鍵的一步：探索帶來突破的心智模型與新願景。換上一副新眼鏡，以不同或嶄新的思維，重新看一次當前的問題，會有不一樣的答案，刻意練習自我質問：「我可以怎麼想（改變基本假定），可以顛覆目前的結構性，帶來團隊及企業的突破？」新的心智模型與願景，可以引出高槓桿課題，評估高槓桿課題品質的方式，就是質問是否能改善或顛覆問題結構。低槓桿解方是基於接受「家裡本來就會有蟑螂」爲前提所下的決定；高槓桿解方則是以「家裡不容許出現蟑螂」爲前提所做的對策。以下是令人興奮的成功經驗。

▌成功案例一：賣咖啡▐

<table>
<tr><td>問題事件
（目標與現況的落差）
語法：「〇〇〇不足」、
「〇〇〇持續下降」、
「〇〇〇不斷攀升」</td><td colspan="2">某連鎖餐廳咖啡營收占比低。</td></tr>
<tr><td>模式（週期循環）
語法：「當……時，總
是……，造成……」、
「一直以來，總是……，
造成……」</td><td colspan="2">一直以來，長時間銷售咖啡的人力配置低，
總是沒有積極介紹與推廣咖啡產品，造成數
月以來咖啡營收持續沒有提升。餐廳總營收
雖然表現好，但公司對咖啡銷售遲遲無法突
破感到不耐。</td></tr>
<tr><td>結構環境
內部：政策、組織、流
程、規範、文化
外部：政治、經濟、社
會、科技、環境、法律及
產業競爭</td><td colspan="2">外部：
● 餐廳座落的商圈，咖啡品牌競爭激烈。

內部（政策、組織、流程、規範、文化）：
● 在制度層面：雖然有咖啡銷售政策，但銷
　售咖啡沒有特定的獎勵。
● 在人力層面：沒有落實人力配置。</td></tr>
<tr><td>心智模型
（一種基本假定）
語法：「一定要……，才
能……」
「只要……，就可
以……」</td><td>舊心智模型
造局者（餐廳主管）：
只要餐廳的總收夠就
好，不用花太多時間資
源賣咖啡。</td><td>新心智模型
造局者（餐廳主
管）：一定要貫徹公
司政策，衝高咖啡銷
售占比，才能證明自
己的經營管理能力。</td></tr>
<tr><td>價值或願景
價值判斷語法：「……為
優先」
願景語法：「成為……」、
「贏得……」</td><td>價值判斷：餐廳總營
收優先。</td><td>願景：成為全國咖啡
成長最佳的餐廳。</td></tr>
</table>

這位餐廳主管有了新的念頭：「一定要貫徹公司政策，衝高咖啡銷售占比，才能證明自己的經營管理能力。」希望讓餐廳成為全國咖啡成長最佳的餐廳。相較於之前的不斷自責與敷衍，他的高槓桿解方課題是：如何主動積極地引導團隊銷售咖啡？

成功案例二：自助點餐機

問題事件 （目標與現況的落差） 語法：「○○○不足」、「○○○持續下降」、「○○○不斷攀升」	某連鎖餐廳自助點餐機使用率持續下降。	
模式（週期循環） 語法：「當……時，總是……，造成……」、「一直以來，總是……，造成……」	當餐廳人力吃緊時，值班經理總是將自助點餐機引導（介紹）人力，移置實體營運工作站，進而造成顧客上門直接點餐（未使用自助點餐機），即使使用點餐機也常常遇到使用問題，無人協助而放棄，造成顧客使用率下降。	
結構環境 內部：政策、組織、流程、規範、文化 外部：政治、經濟、社會、科技、環境、法律及產業競爭	外部： • 數位點餐及外送服務，逐漸普及。競爭激烈。 • 顧客持續反應APP介面步驟太多，不好用。 內部（政策、組織、流程、規範、文化）： • 管理政策有規範自助點餐機人力編制，但現場未落實。 • 自助點餐機雖是公司政策，但沒有相關獎懲機制，店面不配合，也沒差（頂多被唸）。但總營收下降，會被盯。 • 店面設備太少，尖峰時段使用自助點餐反而會排隊。	
心智模型 （一種基本假定） 語法：「一定要……，才能……」 「只要……，就可以……」	舊心智模型 造局者（餐廳主管）：一定要先安排營運人力，才能服務顧客。	新心智模型 造局者（餐廳主管）：一定要確實安排自助點餐機人力，顧客才有機會體驗數位點餐。
價值或願景 價值判斷語法：「……為優先」 願景語法：「成為……」、「贏得……」	價值判斷：餐廳總營收優先。	願景：帶給顧客美好且快速的數位點餐體驗。

這位餐廳主管有了新的假定：「一定要確實安排自助點餐機人力，顧客才有機會體驗數位點餐。」希望帶給顧客美好且快速的數位點餐體驗。相較於之前一昧地要求團隊提升自動點餐機使用率（KPI），他的高槓桿解方課題是：如何提升顧客使用自助點餐機滿意度？思維的突破成功地顛覆結構，為這家餐廳在咖啡品項的營收，帶來雙位數百分比的成長。

▌成功案例三：產能不足▐

問題事件 （目標與現況的落差） 語法：「○○○不足」、 「○○○持續下降」、 「○○○不斷攀升」	某製造業產能不足，無法滿足顧客需要。	
模式（週期循環） 語法：「當……時，總是……，造成……」、「一直以來，總是……，造成……」	• 當關鍵顧客需求量大時，總會造成排擠訂單、搶單或急插單的現象。 • 只要工廠稼動率高到瓶頸，就會擠壓設備保養時間，造成設備當機率上升，抑制產能。 • 只要生產客製化排程，由於生產準備工序複雜，就必須運用大量人力和時間。	
結構環境 內部：政策、組織、流程、規範、文化 外部：政治、經濟、社會、科技、環境、法律及產業競爭	外部： • 同業競爭激烈。 內部（政策、組織、流程、規範、文化）： • 公司政策要求全面滿足顧客需求。量大量少訂單通吃。 • 生產流程胃納量低於訂單需求，設備保養時間不足，當機及故障率高。 • 人力不足，加上新人離職率高。	
心智模型 （一種基本假定） 語法：「一定要……，才能……」 「只要……，就可以……」	舊心智模型 造局者（生產主管）：一定要滿足業務訂單，才能完成任務。	新心智模型 造局者（生產主管）：一定要提升設備稼動率，才能提高產能。
價值或願景 價值判斷語法：「……為優先」 願景語法：「成為……」、「贏得……」	價值判斷：KPI績效優先。	願景：交出產能，讓公司成為關鍵顧客的合作夥伴。

這位生產主管有了新的假定：「一定要提升設備稼動率，才能提高產能。」希望能交出穩定的產能，讓公司成為關鍵顧客的合作夥伴。相較於之前一昧地重複要求產能（KPI），他的高槓桿解方課題是：如何建立數位智能預警設備，以提高稼動率？

成功案例四：健身中心

問題事件 （目標與現況的落差） 語法：「〇〇〇不足」、 「〇〇〇持續下降」、 「〇〇〇不斷攀升」	某健身中心營收持續下降。	
模式（週期循環） 語法：「當……時，總是……，造成……」、 「一直以來，總是……，造成……」	健身中心，一直以來，空有大店面及多樣化的設備，總是沒人來運動。公司往往先追求展店數極大化，接著推銷私人教練課程衝業績，希望先預收會員費穩定現金流，用多樣化設備吸引顧客，拼命砸廣告吸引加盟者進場開店，但看到空蕩蕩的健身館，就是沒有信心加入加盟。	
結構環境 內部：政策、組織、流程、規範、文化 外部：政治、經濟、社會、科技、環境、法律及產業競爭	**外部：** • 社會健康休閒氣氛興起。 • 新興健身中心品牌及公立運動中心林立，民眾選擇多，競爭非常激烈。 **內部（政策、組織、流程、規範、文化）：** • 公司政策往往先追求展店數極大化，接著推銷私人教練課程衝業績，希望先預收會員費穩定現金流。會員費低價競爭。 • 策略上運用多樣化設備吸引顧客，拼命砸廣告吸引加盟者進場開店。	
心智模型 （一種基本假定） 語法：「一定要……，才能……」 「只要……，就可以……」	**舊心智模型** 造局者（CEO）：一定要有大量會員，有忠誠度，才有營收。	**新心智模型** 造局者（CEO）：一定要讓會員來運動，才能有獲利的機會，所以KPI應該是會員運動次數，不是展店數，也不是營收數字。
價值或願景 價值判斷語法：「……為優先」 願景語法：「成為……」、「贏得……」	擴張，成為最大品牌。	願景：成為女性專屬的健身中心，一方面不需忍受男人眼光，二方面滿足女性忙碌的生活型態。

這家公司的CEO有了新的假定：「一定要讓會員來運動，才能有獲利的機會，所以KPI應該是會員運動次數，不是展店數，也不是營收數字。」希望成為女性專屬的健身中心，一方面不需忍受男人眼光，二方面滿足女性忙碌的生活型態。相較於之前一昧盲目地擴張，做出優惠吃掉獲利的惡性循環，他的高槓桿解方課題是：以女性為對象，如何帶動她們的運動習慣，以提高獲利？思維的突破成功地顛覆結構，為這家公司的營收帶來數倍的成長。

　　解決問題時，還有一種狀況也相當常見：部門之間的矛盾對立。沒有完美的組織設計，每個部門都各有功能，各有職掌，要共同學習，要互補，不要互斥（互刺）。下面跟大家分享一個部門間過於各司其職的顧此失彼，二邊都以局部最適思考問題，缺乏整理最適的系統觀。製造部門常向人資部門要求「趕快補人」，人資部門引導製造部門「如何把人留住」，長期各自表述，各說各話。

▌成功案例五：人力即生產力▐

問題事件 **（目標與現況的落差）** 語法：「○○○不足」、 「○○○持續下降」、 「○○○不斷攀升」	作業員人力不足，導致產能無法滿足顧客需求。	
模式（週期循環） 語法：「當……時，總是……，造成……」、 「一直以來，總是……，造成……」	當公司促銷業務後，總是會有大量訂單，但生產人力原本就不足，雪上加霜的是，人員到職不到半年總是離開，造成生產力不足。	
結構環境 **內部**：政策、組織、流程、規範、文化 **外部**：政治、經濟、社會、科技、環境、法律及產業競爭	**外部：** • 少子化，人力不足。 • 青年就業心態及價值觀轉變，製造業人口大幅下降。 • 與外界較，薪資結構缺乏競爭力。 **內部（政策、組織、流程、規範、文化）：** • 離職率高，資深員工不斷地教新人，失去耐心。生產端人力不足。 • 工作環境不友善（低溫、久站）。	
心智模型 **（一種基本假定）** 語法：「一定要……，才能……」 「只要……，就可以……」	**製造端心智模型** 造局者（製造主管）：一定要有人力，才能交出產能。	**人資端心智模型** 造局者（人資主管）：一定要留住新人，才能創造產能。
價值或願景 價值判斷語法：「……為優先」 願景語法：「成為……」、「贏得……」	價值判斷：產能優先。	價值判斷：留才優先。

心智模型 （一種基本假定） 語法：「一定要……，才能……」 「只要……，就可以……」	新心智模型（雙贏觀點） 造局者（製造與人資主管的共識）：一定要穩住人力，才能創造產能。
價值或願景 價值判斷語法：「……為優先」 願景語法：「成為……」、「贏得……」	共同願景：成為能吸引人才的自動化智慧工廠。

　　製造主管與人資主管，透過看問題五層次的系統分析，才發現雙方都希望發揮該部門的功能，但都顧此失彼，造成「愚蠢二選一」的對立。經過深入對話及對彼此觀點的解讀與認識後，他們共同有了共識：「一定要穩住人力，才能創造產能。」希望成為能吸引人才的自動化智慧工廠。相較於之前「趕快補人」和「如何把人留住」拉扯對立的惡性循環，他們的高槓桿解方課題是：如何打造能吸引人才的自動化智慧工廠？

系統思考看問題五層次

問題事件 （目標與現況的落差） 語法：「○○○不足」、 「○○○持續下降」、 「○○○不斷攀升」	
模式（週期循環） 語法：「當⋯⋯時，總是⋯⋯，造成⋯⋯」、 「一直以來，總是⋯⋯，造成⋯⋯」	
結構環境 **內部**：政策、組織、流程、規範、文化 **外部**：政治、經濟、社會、科技、環境、法律及產業競爭	
心智模型 （一種基本假定） 語法：「一定要⋯⋯，才能⋯⋯」 「只要⋯⋯，就可以⋯⋯」	
價值或願景 價值判斷語法：「⋯⋯為優先」 願景語法：「成為⋯⋯」、 「贏得⋯⋯」	

第五章

變革的關鍵因素：
目標、關鍵作為、動機、能力

　　企業經營有五個步驟：有理想（使命願景）、定策略、建組織、布人力、置系統。組織變革時，是反過來進行，面對變革課題，需要運用什麼新的管理思維系統？什麼營運系統？招募人才組建變革團隊，進行許多可容錯的專案，敏捷學習與應變，做中學錯中改，必要時，調整組織，構思能夠成功的策略模式，慢慢地才能淬鍊出新事業激勵人心的使命願景。

　　過去研究關於如何領導變革，引導人們藉由改變行為與流程，達成預期成果目標的案例中，美國醫師Dr. Donald Hopkins 帶領團隊抑制「麥地那龍線蟲病（Dracunculiasis，又稱幾內亞蟲症Guinea-worm disease）」傳染是最讓筆者印象深刻的傳奇故事。在Dr. Donald Hopkins與他的團隊努力下，麥地那龍線蟲病已將近根除，1980年代有20國有地方流行，病例數估計有350萬例，其中16國在非洲，2007年全球病例數降至10,000例以下，2010年僅報告1,797例，目前全球僅餘非洲4國（查德、衣索比

亞、馬利、南蘇丹）有通報病例，其中南蘇丹占97%。麥地那龍線蟲病是由麥地那龍線蟲（Dracunculus medinensis）引起之寄生蟲疾病，幼蟲寄生在水中的劍水蚤，人飲用污染的水而感染，約10～14個月發育為60～100公分長的成蟲，移行至皮下組織（通常為下肢）寄生，引起水泡，宿主為緩解蟲體繁殖產生的灼燒感會將患處泡水，而將蟲卵及幼蟲釋放至水中，因而形成傳染麥地那龍線蟲的惡性循環。傳奇故事的結果當然是英勇的戰士們（Dr. Donald Hopkins與他的團隊）成功地打敗黑暗勢力（麥地那龍線蟲傳染病）。首先，我們要知道的是過去推動變革的人為何會失敗？原因是一開始的時候就犯下三個錯誤：

1. 目標沒有說服力，也不明確：對於要追求的目標成果，只有文青浪漫式的概念。

2. 沒有檢核的判準與進度：即是有明確的目標，但是無法展開追蹤。

3. 偏離目標成果的檢核指標：即使有了檢核指標，又因為選擇了錯誤的指標，反而誘發（或鼓勵）錯誤的行為慣性。可悲的是，即使發現檢核指標的錯誤，仍不願改正。

　　從過去許許多多領導變革的傳奇故事中（包含麥地那龍線蟲病）發現他們並不是運氣好，而是能掌握三個訣竅：

1. 設定明確的預期成果，時時檢核。

2. 鎖定變革目標（人物角色），找出能交出成果的關鍵作為。

3. 驅動能誘發關鍵作為的六個因素，包含個人層面、社群人際層面、結構環境層面。

以下分別介紹，並舉例說明。（註：故事案例為確保企業團隊的隱私與機密，經過簡化及改寫，僅供學習理解參考之用。）

一、設定可衡量的預期成果

　　筆者希望跟所有工作者分享幾個「管理ABC」：（一）說（寫）不清楚，做不到；無法衡量，不存在：養成明確定義目標及預期成果，以及為每個目標建立衡量指標的好習慣。（二）團隊當責的任務布達要有三個要件，包含：任務描述、預期成果、行動準則（Do's and Don'ts）。（三）成果導向的行動書寫與溝通：動詞＋名詞＋可展開（有方向、有刻度的條件）＋有時間性。比較以下描述：

　　「我們在一年內要讓人均產值提升20%。」

　　「我們要在一年內達成人力增員KPI。」

　　「我要在三個月內達成每月咖啡銷售營收提升20%的目標。」

　　另外，筆者希望多說明關於「可展開（有方向、有刻度）」的意思與應用。西方哲學家笛卡兒（Descartes），他也是一位知名數學家。他主張「我思，故我在」，指唯有正在懷疑的自己是不容懷疑的。笛卡兒認為人們的認知或許全都是假的。所有事物都可以懷疑。於是，他發明了「笛卡兒座標」（圖一），藉由命題與論證，找出定理，進而建構世界知識

觀，建立懷疑的方法。圖一中x及y都是「方向」，只要將x或y軸加上衡量的「刻度」標準，人們就可以用（X、Y軸）描述二維空間中的每一個位置。

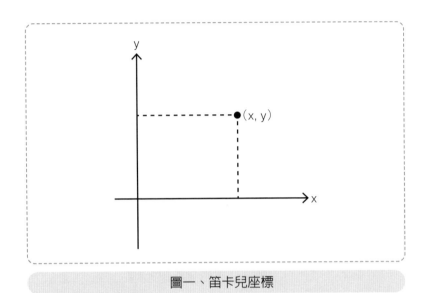

圖一、笛卡兒座標

所有的事物可以轉換成函數幫助思考。例如一位工作者寫下「我希望在三年後成爲一位獨當一面的主管」，檢查裡面的關鍵字詞，

動詞：「成爲」

名詞：「主管」

時間：「三年內」

那麼近一步思考「獨當一面」可否展開成爲有方向有刻度的指標，如果無法展開，那麼「獨當一面」就是目標描述中不

需要存在的形容詞。如果用另一個概念：敬業。東方企業的敬業強調專業與奉獻；西方企業指的敬業，強調滿意度（對自己和對顧客）及貢獻。換句話說，敬業可以表示為：

敬業＝專業×奉獻×貢獻×滿意度

如果分別將「專業」、「奉獻」、「貢獻」、「滿意度」等行為表現與慣性以層次加以定義描述，便可以達成衡量的目的效果。這時，就可以將「我希望在三年後成為一位獨當一面的主管」改寫為「我希望在三年後成為一位敬業的主管，在專業上，我希望……；在自我奉獻方面，我能……；在貢獻上，我可以……；在滿意度方面，我要做到……」。

舉一個關於「當責」的例子。首先，我分別對負（盡）責及當責寫下定義：

負（盡）責：針對任務，採取行動並付出，以獲得成果。

當責：針對任務，確保自己及相關人員採取積極行動並努力付出，以獲得更好的成果。

根據當責的定義，將當責展開表示為：

當責＝成果導向行動×主動積極行動×細節品質導向×資
　　　料收集行動

（一）成果導向行動的強度層次如下

level 7 持續（習於）創新

level 6 承諾嘗試必要的冒險與創新

level 5 設定高挑戰目標，並朝目標邁進

level 4 改變思維與行為以提升績效表現

level 3 力求達成他人（如：引導教練、主管、公司、客戶）所設定的高目標

level 2 力求達成自己所設定的成功標準

level 1 缺乏對成功展現的認知與標準

（二）主動積極行動的強度層次如下

level 7 說服並影響其他成員，共同對目標任務，作出額外努力與付出

level 6 在不需要他人（如：引導教練、主管、公司、客戶）的要求下，願承擔責任，嘗試一切的可能，以完成任務

level 5 願意接受額外的任務與挑戰

level 4 願意為任務目標，額外地付出與努力

level 3 可以在無人監督下，自主地完成任務工作

level 2 需要持續的叮嚀與指導

level 1 逃避完成任務必要的作為

（三）細節品質導向強度層次如下

level 5 建立規則或系統以管理團隊績效

level 4 督促任務進度及相關議題

level 3 除自己的表現以外，留意其他成員的表現品質

level 2 表現對細節與品質的關切

level 1 不關心問題細節

（四）資料收集行動強度層次如下

level 7 說服或影響他人，協助收集並回饋資訊

level 6 建構持續收集資訊的系統

level 5 完整且系統地分析研究問題

level 4 透過他人不同的觀點，收集更完整的資訊

level 3 深入追蹤，探尋問題癥結點

level 2 進行更多的調查，合理懷疑可能會遺漏的資訊

level 1 提問相關人員，以收集資訊

level 0 無意願收集資訊

　　要能表現當責，代表必須在「成果導向行動」、「主動積極行動」、「細節品質導向」、「資料收集行動」等行為慣性有高層次的表現。如果加上第四章所介紹的「概念思考」及「分析思考」二個面向，就可以具體的定義與描述一位企業主管應具備的管理職能慣性，見圖二示意圖。

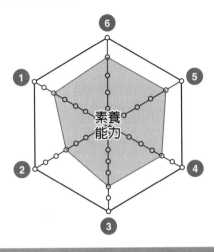

素養
能力

思考力（Thinking）

①概念思考（skill based）

L7 創新行為技能：能變化概念思考技能（架構、方法、步驟），建構新的解決方法論或思考模型

L6 適應變化：能適應環境條件及要求的變化，能活用概念思考技能（架構、方法、步驟），針對複雜的問題或處境，提出新見解或洞見契機

L5 做出綜合反應：能活用概念思考技能（架構、方法、步驟），形成新見解或洞見契機

L4 精熟行為技能：能運用概念思考技能（架構、方法、步驟），在複雜的資訊事件中掌握精要（摘要並化繁為簡）

L3 仿效行為技能：能模仿概念思考技能（架構、方法、步驟），運用理論概念工具幫助思考

L2 準備學習技能：能針對特定任務，刻意練習概念思考技能（架構、方法、步驟），可以歸納其中的規則或趨勢

L1 察覺自己不會：運用經驗法則思考，藉由反思，意識自己需要概念思考技能（架構、方法、步驟）

L0 習慣具象的思考，毫無察覺自己需要概念思考技能（架構、方法、步驟）

圖二、企業主管必備的職能慣性示意圖

❷ 分析思考（skill based）

L6 適應變化：能適應環境條件及要求的變化，能活用分析思考技能（架構、方法、步驟），系統地分析問題，運用工具訂定極複雜解決方案與計畫

L5 做出綜合反應：能活用分析思考技能（架構、方法、步驟），系統地分析問題，運用工具訂定多個解決方案與計畫

L4 精熟行為技能：能運用分析思考技能（架構、方法、步驟），系統地分析問題，並運用工具訂定解決方案與計畫

L3 仿效行為技能：能模仿分析思考技能（架構、方法、步驟），發現事件之間複雜的系統性因果牽動關係

L2 準備學習技能：能針對特定任務，刻意練習分析思考技能（架構、方法、步驟），可以發現基本因果循環關係

L1 察覺自己不會：能將問題展開，藉由反思，意識自己需要分析思考技能（架構、方法、步驟）

L0 總是直接回應，未進行分析，毫無察覺自己需要分析思考技能（架構、方法、步驟）

- -

❸ 資料收集（skill based）

L7 創新行為技能：能創造出新的策略方法流程，說服或影響關鍵角色協助系統性收集資訊

L6 適應變化：能適應環境條件及要求的變化，建構持續收集資訊的系統

L5 做出綜合反應：能活用資料收集方法技巧，完整且系統地分析研究問題

L4 精熟行為技能：能運用資料收集方法技巧，透過他人不同的觀點，收集更完整的資訊

L3 仿效行為技能：能模仿資料收集方法技能，深入研究，找出困難的問題癥結點

L2 準備學習技能：能針對特定任務，有了初步的適應，學習適當的方法，進行更多的資料收集與調查

L1 察覺自己不會：能藉由觀察反思，初步意識自己需要收集資訊的方法技巧，提問相關人員，以收集資訊

L0 無意願收集資訊

圖二、企業主管必備的職能慣性示意圖（續）

4 品質細節導向（**skill based**）

L7 創新行為技能：能創造出新的方法流程步驟，獲得更好的細節品質管理成效

L6 適應變化：能適應環境條件與要求的變化，做好品質與細節的管理

L5 做出綜合反應：能活用細節品質管理技能（架構、方法、步驟），建立並能迭代規則或系統，以管理團隊績效，維持企業整體競爭力

L4 精熟行為技能：能運用細節品質管理技能（架構、方法、步驟），設計有利於高績效表現的流程步驟，督促任務進度等議題，交出成果

L3 仿效行為技能：能模仿細節品質管理技能（架構、方法、步驟），設計有利於高績效表現的流程步驟，除自己的表現之外，也促進團隊其他成員的表現品質

L2 準備學習技能：能針對特定任務，刻意練習細節品質管理技能（架構、方法、步驟）

L1 察覺自己不會：表現出對細節及品質的關切，能藉由反思，意識自己需要增進細節品質管理技能（架構、方法、步驟）

L0 不關心細節品質，毫無察覺自己需要細節品質管理技能（架構、方法、步驟）

---

5 主動積極／自我激勵與努力（**attitude based**）

L5 形成品德：形塑以「積極當責」的工作價值觀、人生觀及個性，個人依據此一價值系統可表現出前後一貫的言行，能在不需要主管要求下，自願承擔風險，嘗試一切的可能，完成任務，甚至願意說服影響其他成員，共同對目標任務，額外付出

L4 價值（思想）體系：「積極當責」成為自己價值思想體系核心之一，願意接受額外的工作與挑戰

L3 價值判斷：為自己的行為負責，目標達成後，形成或接受「積極當責」的價值判斷，願意額外的付出與努力

圖二、企業主管必備的職能慣性示意圖（續）

L2 回應：認同目標，可以獨力完成工作

L1 接受：了解目標，但需要持續的叮嚀與指導

L0 迴避：逃避（省略）必要的工作

---

❻ 成就導向／行動強度（attitude based）

L5 形成品德：形塑以「沒有最好、只有更好」的工作價值觀、人生觀及個性，個人依據此一價值系統可表現出前後一貫的言行，能持續創新

L4 價值（思想）體系：「沒有最好、只有更好」成為自己價值思想體系核心之一，有能力嘗試有意義的冒險與創新

L3 價值判斷：為自己的行為負責，目標達成後，形成或接受「沒有最好、只有更好」的價值判斷，能建構一套高績效工作效能的衡量標準，進而改善（顛覆）工作方式或系統以提升績效

L2 回應：認同目標，力求達成公司或他人所設定的高目標

L1 接受：了解目標，但力求達成自己所設定的成功標準

L0 迴避：缺乏對何謂成功的認知與標準

圖二、企業主管必備的職能慣性示意圖（續）

二、掌握高槓桿關鍵作為

以麥地那龍線蟲傳染病為例，麥地那龍線幼蟲寄生在水中，人飲用污染的水而感染，宿主為緩解蟲體繁殖產生的灼燒感會將患處泡水，不自覺地將蟲卵及幼蟲釋放至水中，因而形成惡性循環。Dr. Donald Hopkins與他的團隊希望能夠完全根除這個傳染，所以他們明確地指出，居民是變革對象，能完全抑制傳染的關鍵作為是，居民能：

1. 讓患者遠離水源。

2. 喝水必須過濾（圖三中可以看到特製的個人飲水過濾器）。

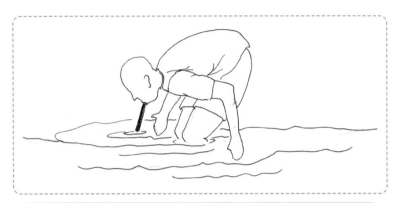

圖三、麥地那龍線蟲傳染病地區居民建立飲水的新習慣（示意圖）

　　有一段時間美國每年約有3,000人溺斃，其中多數發生在公共游泳池，問題數十年來都無法解決，直到YMCA及紅衫保險公司的一群領導人的介入協助下才獲得改善。他們花很多時間在現場觀察，發現一般救生員多半把時間花在和泳客寒暄、調配水道、收拾浮板、監控水質等事務上，幾乎沒有什麼時間和心力關心「救生」。所以，他們認為「救生員」是變革對象，而能夠解決溺水問題的高槓桿關鍵作為是落實「雙十原則」：

1. 每十分鐘環顧一次管轄範圍。

2. 看到需要幫助的泳客時，10秒內必須提供協助。

2020年COVID-19疫情席捲全球，台灣也無法倖免，全民為變革對象，關鍵作為如下：（許多國家因為種種原因，包含政治、信仰等等因素無法落實，導致疫情無法控制。）

1. 要戴口罩。

2. 要勤洗手。

3. 要保持社交距離。

4. 要打疫苗。

原則非常簡單，養成關鍵的好習慣，效用卻非常大。

台灣某連鎖餐飲企業，一整年魯肉飯銷售量堆疊起來等於1,077棟101大樓，驚人的營收成果來自於，變革對象是餐廳的服務員，關鍵作為是：

1. 招呼快。

2. 點菜快。

3. 上菜快。

4. 收碗快。

領導變革的三階段指的是，設定可衡量預期成果、找出高槓桿的關鍵作為、誘發關鍵作為的領導變革六因素。領導變革的六因素包含：如何提高變革對象的個人動機、如何提高變革對象的個人能力、如何透過社群影響力提高變革對象的動機、如何透過社群影響力提高變革對象的能力、如何運用結構環境提高變革對象的動機、如何運用結構環境提高變革對象的能力。以下有更多的示範。

▌成功案例一：提升人均產值▌

	領導變革的六個因素 動詞＋名詞＋可展開		關鍵作為／慣性 動詞＋名詞＋可展開	可衡量預期成果 動詞＋名詞＋可衡量判準
	動機	能力		
個人取向	把抗拒變成願意	把不會變成會	變革對象：員工 關鍵作為： 1. 提高會員綁定數 2. 善用數據工具作決策 3. 提升高價產品在營收的占比 4. 增加再購率 5. 建立「多一小步」的服務習慣	我們在一年內要讓人均產值提升20%。
社群取向	運用同儕的影響力	借眾人的力量精進		
結構取向	活用賞罰結構以激勵	改變周遭環境以增能		

▌成功案例二：增員▌

	領導變革的六個因素 動詞＋名詞＋可展開		關鍵作為／慣性 動詞＋名詞＋可展開	可衡量預期成果 動詞＋名詞＋可衡量判準
	動機	能力		
個人取向	把抗拒變成願意	把不會變成會	變革對象：業務從業人員 關鍵作為： 1. 主動邀請參加活動，並帶人參加軟性增員活動 2. 送人參加輔導培訓班 3. 進行增員面談 4. 出席晨會	我們要在一年內達成人力增員KPI。
社群取向	運用同儕的影響力	借眾人的力量精進		
結構取向	活用賞罰結構以激勵	改變周遭環境以增能		

▍成功案例三：提升咖啡機營收▍

| 領導變革的六個因素
動詞＋名詞＋可展開 | | 關鍵作為／慣性
動詞＋名詞＋可展開 | 可衡量預期成果
動詞＋名詞＋可衡量判準 |
動機	能力		
個人取向 把抗拒變成願意	把不會變成會	變革對象：員工 關鍵作為： 1. 要介紹咖啡 2. 麵包要夠 3. 出餐要快	我要在三個月內達成每月咖啡銷售營收提升20%的目標。
社群取向 運用同儕的影響力	借眾人的力量精進		
結構取向 活用賞罰結構以激勵	改變周遭環境以增能		

三、個人層面因素與行動

　　如何提高變革對象的個人動機，「把抗拒變成願意」，有以下建議的準則：

1. 讓他可以選擇。

2. 讓他體驗（成果或後果）。

3. 讓他參與一項挑戰活動。

4. 透過說故事的技巧，讓他感動。

如何提高變革對象的個人能力，「把不會變成會」，有以下建議的準則：

1. 帶他「用進廢退」（善用突破慣性公式）。
2. 帶他刻意練習，包含在高度專注的前提下刻意練習新行為。設定明確標準，提供變革對象即時且有效的回饋，以建立關鍵行為慣性。從小目標開始（關鍵行為），才能累積大目標。有耐心地培養面對失敗的韌性。

▌成功案例一：提升人均產值▌

	領導變革的六個因素 動詞＋名詞＋可展開		關鍵作為／慣性 動詞＋名詞＋可展開	可衡量預期成果 動詞＋名詞＋可衡量判準
	動機	**能力**		
個人取向	1. 推派種子教官，提供榮譽感 2. 鼓勵以成功經驗塑造個人魅力與影響力	推動師徒制，老手牽新手教學	變革對象：員工 關鍵作為： 1. 提高會員綁定數 2. 善用數據工具作決策 3. 提升高價產品在營收的占比 4. 增加再購率 5. 建立「多一小步」的服務習慣	我們在一年內要讓人均產值提升20%。
社群取向	運用同儕的影響力	借眾人的力量精進		
結構取向	活用賞罰結構以激勵	改變周遭環境以增能		

▌成功案例二：增員▌

	領導變革的六個因素 動詞＋名詞＋可展開		關鍵作為／慣性 動詞＋名詞＋可展開	可衡量預期成果 動詞＋名詞＋可衡量判準
	動機	**能力**		
個人取向	1. 打造新人舞台：一季一次晉升會議 2. 運用口號宣示自我激勵（業績人力好到爆，增員組織一把罩……）	推動學長制，常規要求並輔導	變革對象：業務從業人員 關鍵作為： 1. 主動邀請參加活動，並帶人參加軟性增員活動 2. 送人參加輔導培訓班 3. 進行增員面談 4. 出席晨會	我們要在一年內達成人力增員KPI。
社群取向	運用同儕的影響力	借眾人的力量精進		
結構取向	活用賞罰結構以激勵	改變周遭環境以增能		

成功案例三：提升咖啡機營收

	領導變革的六個因素 動詞＋名詞＋可展開		關鍵作為／慣性 動詞＋名詞＋可展開	可衡量預期成果 動詞＋名詞＋可衡量判準
	動機	能力		
個人取向	1. 分享成功銷售的故事 2. 溝通企業咖啡品牌價值	發展「學得會」的銷售話術培訓	變革對象：員工 關鍵作為： 1. 要介紹咖啡 2. 麵包要夠 3. 出餐要快	我要在三個月內達成每月咖啡銷售營收提升20%的目標。
社群取向	運用同儕的影響力	借眾人的力量精進		
結構取向	活用賞罰結構以激勵	改變周遭環境以增能		

四、社群人際層面因素與行動

如何「運用同儕的影響力」提高變革對象的動機，有以下建議的準則：

1. 領袖必須挽起袖子帶頭做，以身作則，領導他們。

2. 讓他面對不願面對的真相，用事實數據對話，理性面對。

3. 與團隊內的意見領袖合作，雙管齊下。

4. 建立典範行為的準則（或標準）。

5. 設定高挑戰目標，創造當責工作文化。

6. 揭露敏感議題。

如何「借眾人的力量」提高變革對象的能力，有以下建議的準則：

1. 讓團隊發揮功能：創造一個人絕對無法成功的架構格局，促進相互依賴，集思廣益，避免個人盲點。

2. 讓他向標竿模仿學習。

3. 讓他練習觀察到的行為。

▌成功案例一：提升人均產值 ▌

	領導變革的六個因素 動詞＋名詞＋可展開		關鍵作為／慣性 動詞＋名詞＋可展開	可衡量預期成果 動詞＋名詞＋可衡量判準
	動機	**能力**		
個人取向	1. 推派種子教官，提供榮譽感 2. 鼓勵以成功經驗塑造個人魅力與影響力	推動師徒制，老手牽新手教學	變革對象：員工 關鍵作為： 1. 提高會員綁定數 2. 善用數據工具作決策 3. 提升高價產品在營收的占比 4. 增加再購率 5. 建立「多一小步」的服務習慣	我們在一年內要讓人均產值提升20%。
社群取向	1. 主管必須以身作則，推動政策 2. 營造群組內共學氣氛 3. 舉辦部門生產力提升競賽（%） 4. 公開表揚績效好的同仁 5. 月會分享成功案例 6. 達成顧客高滿意度並取得正面回饋	1. 定期舉辦共學讀書會（有目標、有進度、有紀律） 2. 兩周一次戰略會議分享經驗與成功模式		
結構取向	活用賞罰結構以激勵	改變周遭環境以增能		

▌成功案例二：增員▐

	領導變革的六個因素 動詞＋名詞＋可展開		關鍵作為／慣性 動詞＋名詞＋可展開	可衡量預期成果 動詞＋名詞＋可衡量判準
	動機	**能力**		
個人取向	1. 打造新人舞台：一季一次晉升會議 2. 運用口號宣示自我激勵（業績人力好到爆，增員組織一把罩……）	推動學長制，常規要求並輔導	變革對象：業務從業人員 關鍵作為： 1. 主動邀請參加活動，並帶人參加軟性增員活動 2. 送人參加輔導培訓班 3. 進行增員面談 4. 出席晨會	我們要在一年內達成人力增員KPI。
社群取向	1. 謹慎遴選功能性主委，發現想要舞台且願意配合（有影響力、願意做、當責）的主委 2. 營造晨會的歡樂與共學氣氛 3. 安排壓力宣洩的活動	1. 定期舉辦進修會（二天一夜） 2. 整合資深高績效經理，共同舉辦銜接教育訓練		
結構取向	活用賞罰結構以激勵	改變周遭環境以增能		

▌成功案例三：提升咖啡機營收▐

| | 領導變革的六個因素
動詞＋名詞＋可展開 | | 關鍵作為／慣性
動詞＋名詞＋可展開 | 可衡量預期成果
動詞＋名詞＋可衡量判準 |
	動機	能力		
個人取向	1. 分享成功銷售的故事 2. 溝通企業咖啡品牌價值	發展「學得會」的銷售話術培訓		
社群取向	1. 以身作則，改變心智模型，帶頭賣咖啡 2. 值班經理每小時追蹤銷售數量 3. 咖啡銷售主管每天回饋銷售金額 4. 餐廳經理每天追蹤績效 5. 值班經理銷售競賽	1. 培養早中晚班促銷達人 2. 提升咖啡職能鑑定	變革對象：員工 關鍵作為： 1. 要介紹咖啡 2. 麵包要夠 3. 出餐要快	我要在三個月內達成每月咖啡銷售營收提升20％的目標。
結構取向	活用賞罰結構以激勵	改變周遭環境以增能		

五、結構層面因素與行動

如何「調整賞罰結構」提高變革對象的動機，有以下建議的準則：

1. 獎勵成果，更要獎勵關鍵行為。

2. 外在獎勵可能的反效果：小心誘因引人走錯路，善用誘因機制。

3. 懲罰要先警告。當一切都失效，懲罰才是最後手段。

如何「改變周遭環境結構」提高變革對象的能力，有以下建議的準則：

1. 學會看見環境的影響，環境是最大的影響因子。致力改造有利於誘發關鍵作為的政策、機制、流程。

2. 讓隱形因素現身，例如：企業文化（文化就是集體慣性的總和）。

3. 讓變革對象能時時注意到關鍵資訊，例如：數位儀表板。

4. 設計有利於交出成果的工作（或學習）空間。

5. 從簡單的目標開始，讓變革對象容易上手。

6. 讓人不做都不行。

▌成功案例一：提升人均產值▐

	領導變革的六個因素 動詞＋名詞＋可展開		關鍵作為／慣性 動詞＋名詞＋可展開	可衡量預期成果 動詞＋名詞＋可衡量判準
	動機	**能力**		
個人取向	1. 推派種子教官，提供榮譽感 2. 鼓勵以成功經驗塑造個人魅力與影響力	推動師徒制，老手牽新手教學	變革對象：員工 關鍵作為： 1. 提高會員綁定數 2. 善用數據工具作決策 3. 提升高價產品在營收的占比 4. 增加再購率 5. 建立「多一小步」的服務習慣	我們在一年內要讓人均產值提升20%。
社群取向	1. 主管必須以身作則，推動政策 2. 營造群組內共學氣氛 3. 舉辦部門生產力提升競賽（%） 4. 公開表揚績效好的同仁 5. 月會分享成功案例 6. 達成顧客高滿意度並取得正面回饋	1. 定期舉辦共學讀書會（有目標、有進度、有紀律） 2. 兩周一次戰略會議分享經驗與成功模式		
結構取向	1. 新專案組織架構調整 2. 生產力列為升遷或考核標準	1. 建構即時且正確的數位資訊系統，包含營運相關的數位儀表板 2. 建立好用且無壓力的數位操作平台		

▋成功案例二：增員▋

	領導變革的六個因素 動詞＋名詞＋可展開		關鍵作為／慣性 動詞＋名詞＋可展開	可衡量預期成果 動詞＋名詞＋可衡量判準
	動機	**能力**		
個人取向	1. 打造新人舞台：一季一次晉升會議 2. 運用口號宣示自我激勵（業績人力好到爆，增員組織一把罩……）	推動學長制，常規要求並輔導	變革對象：業務從業人員 關鍵作為： 1. 主動邀請參加活動，並帶人參加軟性增員活動 2. 送人參加輔導培訓班 3. 進行增員面談 4. 出席晨會	我們要在一年內達成人力增員KPI。
社群取向	1. 謹慎遴選功能性主委，發現想要舞台且願意配合（有影響力、願意做、當責）的主委 2. 營造晨會的歡樂與共學氣氛 3. 安排壓力宣洩的活動	1. 定期舉辦進修會（二天一夜） 2. 整合資深高績效經理，共同舉辦銜接教育訓練		
結構取向	1. 讚美、讚美、再讚美主委的積極付出 2. 增加同仁喜愛的獎勵活動（抽獎、請客） 3. 主管競賽 4. 有質感的春酒晚宴（年輕人愛）＋頒獎（人力發展超級盃）	1. 每月舉辦軟性增員活動，解決小單位沒人力、沒資源的問題 2. 建立整合且系統化的人才發展政策與流程步驟與績效評估對接 3. 建立增員懶人包APP		

▎成功案例三：提升咖啡機營收▎

	領導變革的六個因素 動詞＋名詞＋可展開		關鍵作為／慣性 動詞＋名詞＋可展開	可衡量預期成果 動詞＋名詞＋可衡量判準
	動機	**能力**		
個人取向	1. 分享成功銷售的故事 2. 溝通企業咖啡品牌價值	發展「學得會」的銷售話術培訓		
社群取向	1. 以身作則，改變心智模型，帶頭賣咖啡 2. 值班經理每小時追蹤銷售數量 3. 咖啡銷售主管每天回饋銷售金額 4. 餐廳經理每天追蹤績效 5. 值班經理銷售競賽	1. 培養早中晚班促銷達人 2. 提升咖啡職能鑑定	變革對象：員工 關鍵作為： 1. 要介紹咖啡 2. 麵包要夠 3. 出餐要快	我要在三個月內達成每月咖啡銷售營收提升20％的目標。
結構取向	1. 獎勵銷售週冠軍（員工及值班經理） 2. 以口頭及冰品獎勵「麵包品項及數量充足」作為	1. 善用公司咖啡職能鑑定制度與績效評估對接 2. 調整餐廳布置及動線		

參考資料

1. Spencer, L. M. & Spencer, S. M. (1993). *Competence At Work: Models For Superior Performance*. New York: John Wiley & Sons, Inc. Publishing.

2. 吳兆田、徐堅璽（2019）。冒險教育與培訓。亞洲體驗教育學會。

第六章

團隊變革卡住了嗎？
該是開啓關鍵對話的時候了！

　　企業組織在青春發展期以及進行轉型變革時，最容易發生因爲目標混淆、價值觀、工作慣性、組織流程設計等過渡性問題產生衝突矛盾。從個人心理層面與習慣領域的角度，每個人都具有獨特的個性與價值觀，以及對於這個世界的心智模型，這些心智模型主導了每個人對於人事物的詮釋與假設推論。從社會人際與習慣領域的角度，阿迪茲博士的企業生命週期所提出的PAEI風格，勾勒出每個人因不同PAEI風格在工作情境中會出現不可避免的矛盾（詳見第二章）。從結構環境與習慣領域的角度，企業從思想體系（願景使命策略戰術）、組織設計、團隊建設、系統流程、目標管理及績效評估，必須由上而下，一以貫之。運用看問題五層次的方式系統思考，企業團隊內的矛盾衝突的惡性循環可能是由組織結構（政策、組織、流程、規範、文化）所誘發。愈是以策略爲核心的企業團隊，關心整體效益多於局部效益，能夠協作互補，高舉「集體主義」、

「我為人人，人人為我」大旗共同戰鬥。部門KPI為核心的企業團隊，關心局部成果多於企業整體成果，在資源有限的前提下，容易持受害者心理，高喊遭受「本位主義」壓迫。還是一句老話：企業文化，乃集體慣性之總和。

一、關鍵對話的核心價值、原則與步驟

在認識如何開展關鍵對話之前，領導者必須認識主宰人們解讀、詮釋、決策的一個重要概念：「推論階梯（Ladder of Inference）」。推論階梯有六個階段，把人的大腦運作簡化為六個階段（圖一），由下而上，逐漸上升，中間包含反饋機制。首先是「事件本身」或說「客體本身」為「直接且客觀的資料」，所有的資料無好壞之分，這時人並未進行篩選或判斷。接著，我們對於身體感官所處的人、事、物、環境會有所反應，取得「主觀選擇性的資料」。大腦科學家葛詹尼加的研究發現，人們的世界不再只是理性，相反地感性的情感導引，引發人們作出許多瞬間的判斷，例如，習慣喝哪一家的咖啡？喜歡穿哪一個品牌的衣服？對一個人印象好？美式足球四分衛或棒球場上游擊手的關鍵時刻的傳球？這些都是瞬間的判斷。這些判斷，會讓人將原本客觀的事實資料，做出自己主觀的「自我詮釋」，進而形成「假設或推論」，這是會透過反饋機制，再次確認自己假設或推論的合理性，但因為已經經過了主觀的選擇，這種並未反饋至「直接且可觀的資料」的反饋，只是滿

足自我合理的慾望，於是，變成爲對該事件或資料最終的結論，根據結論產生回應與行動，這就是人們主觀、頑固、執著的主因。

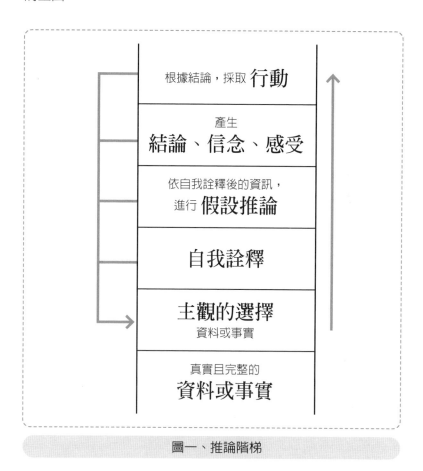

圖一、推論階梯

根據推論階梯原理，有效的關鍵對話必須深信並體現以下核心價值：

1. 要根據明確的事實。

2. 要尊重不同的觀點，讓團隊在充分知情下做決策。

3. 要建構有共識的承諾。

4. 要同理他人。

　　為了鼓勵團隊內的「建設性衝突」，以及體現關鍵對話的核心價值，筆者建議刻意練習以下高槓桿的關鍵作為（將自己視為變革對象）。

1. 確認假設推論。釐清、釐清、再釐清。

2. 分享相關資訊，不隱瞞，要揭露。

3. 以具體事件或例子輔助說明與澄清，取得認知共識（正確的解讀與理解）。

4. 說明自己（這麼做、想、感覺）的目的、理由、動機。

5. 將焦點放在待解決的議題上，而非各自的立場。

6. 陳述觀點的同時，探詢對方的反饋（尤其不同的觀點與立場）。

7. 針對矛盾對立的議題，跟對方共同協定解決方式與步驟。

8. 取得對方的允諾談論敏感或高度張力議題。

9. 藉理性的問題解決程序及決議方法，建立共同目標與凝聚共識。

面對矛盾對立，立場差異及利益衝突，筆者建議放棄愚蠢的二選一，選擇第三妙策。可以運用「關鍵對話ABC」的三個步驟（圖二）：第一步，尋求共同的目的目標，當有共同看法時，表示同意（Agree）。第二步，當你們意見大不相同時，千萬別指控對方是錯的，要比較（Compare）你們之間的觀點差異。第三步，如果對事情的了解還不完整，從你們共同認同的地方開始，不斷地腦力激盪，發揮共同學習的態度與作為，加以擴大（Build）彼此的共識區。

Agree on common goals and understanding
尋求共同的目的目標，當有共同看法時，表示同意（Agree）。

Brainstorm and Build
如果對事情的了解還不完整，從你們共同認同的地方開始，不斷地腦力激盪，加以擴大（Build）。

Compare the Conflict
當你們意見大不相同時，千萬別指控對方是錯的，要比較（Compare）你們之間的觀點差異。

圖二、關鍵對話A-C-B步驟

接下來，筆者將介紹「撥雲見日圖」及「解除對立對策表」，讓關鍵對話ABC步驟變得更具體。以下分別介紹，並舉例說明。（註：故事案例為確保企業團隊的隱私與機密，經過簡化及改寫，僅供學習理解參考之用。）

二、撥雲見日圖

因為種種的原因，常見的意見相左、矛盾對立、左右為難的議題如下：

到底要「堅守醫療安全，依現有機制提供服務」，還是先「滿足客戶的便利性」？

到底要「舉辦線上展覽」，還是要「舉辦實體展覽」比較能創造營收？

到底要「自行生產以主導技術」，還是要將「產品外包」比較能讓公司有長期競爭力？

到底要「只接大單，減少庫存壓力」，還是「滿足客戶小訂單的需求」較能幫助公司獲利？

到底要「從內部培養幹部」，還是「從外面找專業幹部」比較能厚實公司人才資本？

筆者希望分享撥雲見日圖及解除對立對策表，幫助企業主管們放棄愚蠢的二選一，擁抱第三妙策。

第一步，界定共同目標（Agree）。先讓雙方把自己的行動主張以及背後的假設推論（一定要……，才能……），清楚說

明自己的企圖與構想。並且找出是否有共同目標（動詞＋名詞＋可展開）。

▌成功案例一：外包還是自己做 ▌

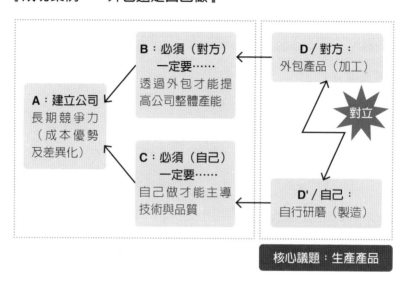

核心議題：生產產品

▌成功案例二：滿足小單還是整批生產 ▌

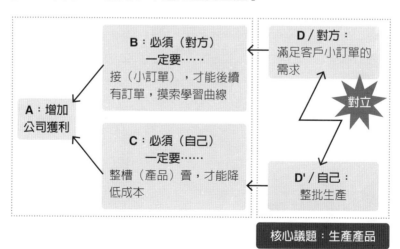

核心議題：生產產品

第二步，比較與質問雙方差異（Compare），找出錯誤假設。讓雙方輪流進行對彼此進行挑戰與質問，彼此必須認知自己的說法都是未經證實的假設與推論，並非全然事實。

▌成功案例一：「外包還是自己做」找出錯誤假設▐

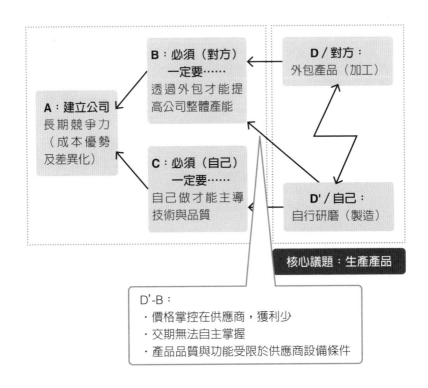

成功案例一：「外包還是自己做」找出錯誤假設（續）

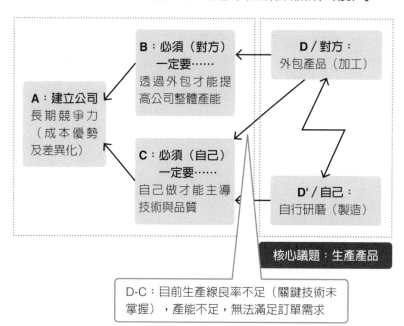

B：必須（對方）一定要……
透過外包才能提高公司整體產能

A：建立公司長期競爭力（成本優勢及差異化）

D／對方：外包產品（加工）

C：必須（自己）一定要……
自己做才能主導技術與品質

D'／自己：自行研磨（製造）

核心議題：生產產品

D-C：目前生產線良率不足（關鍵技術未掌握），產能不足，無法滿足訂單需求

B：必須（對方）一定要……
透過外包才能提高公司整體產能

A：長期公司競爭力

D／對方：外包產品（加工）

C：必須（自己）一定要……
自己做才能主導技術與品質

D'／自己：自行研磨（製造）

D-D'：資源有限是不能改變的，外包和自行研磨，無法同時滿足，只能二選一。

核心議題：生產產品

E：不存在同時滿足「提高整體產能」及「技術品質自主」的做法

▌成功案例二：「滿足小單還是整批生產」找出錯誤假設▐

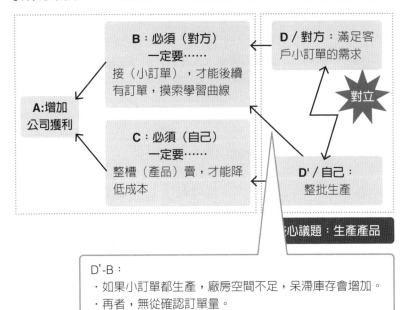

B：必須（對方）
一定要……
接（小訂單），才能後續
有訂單，摸索學習曲線

D／對方：滿足客
戶小訂單的需求

對立

A:增加
公司獲利

C：必須（自己）
一定要……
整槽（產品）賣，才能降
低成本

D'／自己：
整批生產

心議題：生產產品

D'-B：
・如果小訂單都生產，廠房空間不足，呆滯庫存會增加。
・再者，無從確認訂單量。

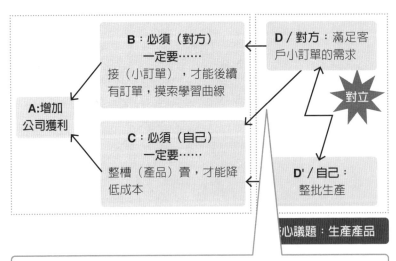

B：必須（對方）
一定要……
接（小訂單），才能後續
有訂單，摸索學習曲線

D／對方：滿足客
戶小訂單的需求

對立

A:增加
公司獲利

C：必須（自己）
一定要……
整槽（產品）賣，才能降
低成本

D'／自己：
整批生產

心議題：生產產品

D-C：現場階段都無法滿足客戶需求的話，那如何在市場狀況好的時
候，掌握交期和品質，服務小量訂單才能摸索學習曲線。

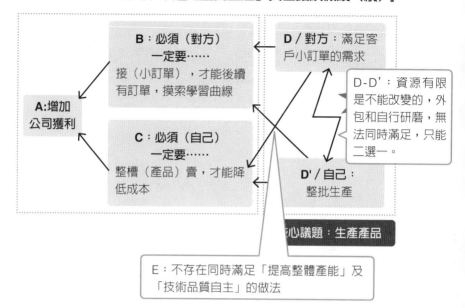

▌成功案例二：「滿足小單還是整批生產」找出錯誤假設（續）▌

B：必須（對方）一定要……
接（小訂單），才能後續有訂單，摸索學習曲線

A:增加公司獲利

C：必須（自己）一定要……
整槽（產品）賣，才能降低成本

D／對方：滿足客戶小訂單的需求

D'／自己：整批生產

D-D'：資源有限是不能改變的，外包和自行研磨，無法同時滿足，只能二選一。

核心議題：生產產品

E：不存在同時滿足「提高整體產能」及「技術品質自主」的做法

三、解除對立對策表

上一節爲何名爲「撥雲見日圖」，原因在於當雙方願意也有能力積極探索彼此在工作任務的假設推論的共同點與觀點差異，會有「原來我們在……是一致的，只不過，在……方面，他跟我很不一樣」的豁然開朗，猶如北風吹走了烏雲，瞬間陽光普照大地。

接者，第三步，腦力激盪（Brainstorm）。將雙方的假設推論並列，以「解除對立表」展開，討論所有可能解決方案。

成功案例一：「外包還是自己做」放棄愚蠢二選一，尋找第三妙策

清除對立四法	錯誤假設推論	解決對策	好處
堅持己見尊重對方 D'-B	・價格控制在供應商，獲利少 ・交期無法自主掌握 ・產品品質與功能受限於供應商設備條件 ・自己做：技術、品質、出貨自己可以掌握 **質問：怎麼做才能進行D'（自行研製）方案，又能滿足B（整體產能）？**	・採取D'「自行生產」 ・提升設備 ・優化製程 ・HRM及HRD配套：例如人才培訓、加班費、薪酬制度	・如期出貨 ・技術自主 ・精進人才技術
順服對方重視自己 D-C	・目前生產線良率不足（關鍵技術未掌握），產能不足，無法滿足訂單需求。 **質問：怎麼做才能進行D（外包）方案，又能滿足C（技術自主）？**	・採取D「外包生產」 ・分散風險，增加外包合作供應商 ・提高品質及交期合作條件	・無投資成本 ・失敗成本低 ・交期不受限
時地制宜 D-D'	・資源有限是不能改變的，外包和自行研磨，無法同時滿足，只能二選一 **質問：什麼是可以同時進行D（外包）與D'（自行研製）方案的條件或原則？**	・高單價、高技術、高品質產品：自製 ・低單價、低技術：外包	・高單價自製可以增加獲利及產品差異化 ・低單價外包可以節省人事成本，增加營收（或市占率）

清除對立四法	錯誤假設推論	解決對策	好處
第三妙策 E	・不存在同時滿足「提高產能」及「技術品質交期自主」的做法 **質問：什麼是兼具滿足B（整體產能）及C（技術自主）的方案？**	・啟動併購計畫	・營收可以明顯增加 ・不用另外投資設備 ・不需額外增加人力 ・可以利用現有技術，學習成本低

　　當完成解除對立表，該公司管理層共同決議，短期採取時地制宜的對策，長期啟動併購計畫，以提升公司長期競爭力（成本優勢及差異化服務）。

成功案例二：「滿足小單還是整批生產」放棄愚蠢二選一，尋找第三妙策

清除對立四法	錯誤假設推論	解決對策	好處
堅持己見尊重對方 D'-B	・如果小訂單都生產，廠房空間不足，呆滯庫存會增加。 ・再者，無從確認訂單量。 **質問：怎麼做才能進行D'（減少庫存）方案，又能滿足B（探索顧客學習曲線）？**	・採取D'「整批生產」 ・小槽多次生產	・維繫顧客關係

成功案例二：「滿足小單還是整批生產」放棄愚蠢二選一，尋找第三妙策（續）

清除對立四法	錯誤假設推論	解決對策	好處
順服對方重視自己 D-C	・現階段都無法滿足客戶需求的話，那如何在市場狀況好的時候，掌握交期和品質。服務小量訂單才能摸索學習曲線。 **質問：怎麼做才能進行D（滿足小單）方案，又能滿足C（降低成本）？**	・採取D「滿足小單」 ・提高銷售單價 ・尋找第二客戶	・增加獲利 ・拓展新客戶（高獲利）
時地制宜 D-D'	・資源有限是不能改變的，接小單和降庫存，無法同時滿足，只能二選一。 **質問：什麼是可以同時進行D（滿足小單）與D'（減少庫存）方案的條件或原則？**	・集中客戶需求再生產 ・或將庫存交到客戶倉庫	・調節公司資源 ・增加流程靈活性
第三妙策 E	・不存在同時滿足「摸索學習曲線」及「降低成本」的做法。 **質問：什麼是兼具滿足B（探索顧客學習曲線）及C（降低成本）的方案？**	・生產部增設生產槽	・突破系統性瓶頸，提升整體產能

當完成解除對立表，該公司管理層共同決議，短期採取時地制宜的對策，長期啟動增設生產槽計畫，突破系統性瓶頸，提升整體產能。

讓我們一起反思到底什麼是領導素養（Leadership）？如何定義領導素養？才能得知如何自我質問、自我精進，進而成為稱職團隊領導者的準則，過去領導學研究者們對「領導素養」下的定義，整理如下：

▶ 領導素養可以化潛能為能力，化理想為現實。

▶ 領導素養是改變人們思維與行為，促進團隊朝特定目標邁進的主要途徑。

▶ 領導素養是為組織、團隊及個人帶來成功的作為。

▶ 領導者可以為遭遇失敗的人帶來新思維。

▶ 領導素養是將眾人努力極大化，以達共同目標的一連串影響力。

▶ 從過去人們從憨厚、勇敢與偉大的領導者身上發現：領導是一種選擇，而非你的立場或階級。

▶ 合作是最具創造力的人類活動，並非領導；但領導卻是號召合作的號角。

▶ 領導素養是讓人們一起協作、共同承諾的過程，變得有意義的影響歷程。

▶ 領導素養是一個人能影響、激勵、發展他人，促進合作以增進團隊或組織成功的能力。

有一個很貼切的比喻，團隊像一隻手，領導就像拇指，能讓不同的人一起團結合作，讓團隊發揮綜效。團隊領導者的二

個必備的基礎能力：團隊領導與促進團隊合作。就職能素養與習慣領域的觀點，團隊領導有以下行為慣性層次：

level 7 能建構團隊共同的目標

level 6 能以身作則，成為團隊的典範

level 5 能成為稱職的領導者（指團隊角色，而不是指職位），關心團隊成員

level 4 能幫助團隊提升工作效能

level 3 能清楚地布達指令給團隊成員

level 2 能勝任主持會議（明確表達、精準解讀、比較差異、價值選擇、做出結論）

level 1 缺乏足夠企圖、能力與經驗成為領導者

團隊領導者促進團隊合作的能力，有以下行為慣性層次：

level 7 能解決衝突矛盾

level 6 能持續建構團隊

level 5 能幫助他人成長並授權

level 4 能積極探索團隊內不同的觀點與創意

level 3 期待與他人合作

level 2 願意與他人合作

level 1 沒有積極的促進合作的行動，甚至被動

由此可知，能夠積極探索團隊成員之間特質與觀點的異同處，不斷建構團隊共同的使命目標，過程中關鍵對話解決衝突矛盾，做出妙策，巧妙地運用權勢（職權、權力、影響力），交出成果，反應一位傑出團隊領導者的領導素養。

國家圖書館出版品預行編目(CIP)資料

團隊變革工作手冊/吳兆田著. -- 初版.
-- 臺北市 : 五南圖書出版股份有限公司,
2022.07
　面；　公分
ISBN 978-626-317-974-5(平裝)
1.CST: 企業組織　2.CST: 企業領導　3.CST:
組織管理
494.2　　　　　　　　　　　111009483

1FP5

團隊變革工作手冊

作　　　者 ─ 吳兆田

發 行 人 ─ 楊榮川

總 經 理 ─ 楊士清

總 編 輯 ─ 楊秀麗

主　　　編 ─ 侯家嵐

責任編輯 ─ 吳瑀芳

文字校對 ─ 鐘秀雲

封面設計 ─ 王麗娟

排版設計 ─ 賴玉欣

出 版 者 ─ 五南圖書出版股份有限公司

地　　　址：106台北市大安區和平東路二段339號4樓

電　　　話：(02)2705-5066　　傳　　真：(02)2706-6100

網　　　址：https://www.wunan.com.tw

電子郵件：wunan@wunan.com.tw

劃撥帳號：01068953

戶　　　名：五南圖書出版股份有限公司

法律顧問　林勝安律師

出版日期　2022年7月初版一刷
　　　　　2023年7月初版二刷

定　　　價　新臺幣280元

經典永恆·名著常在

五十週年的獻禮 —— 經典名著文庫

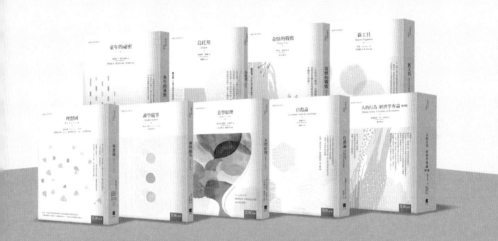

五南,五十年了,半個世紀,人生旅程的一大半,走過來了。

思索著,邁向百年的未來歷程,能為知識界、文化學術界作些什麼?

在速食文化的生態下,有什麼值得讓人雋永品味的?

歷代經典·當今名著,經過時間的洗禮,千錘百鍊,流傳至今,光芒耀人;

不僅使我們能領悟前人的智慧,同時也增深加廣我們思考的深度與視野。

我們決心投入巨資,有計畫的系統梳選,成立「經典名著文庫」,

希望收入古今中外思想性的、充滿睿智與獨見的經典、名著。

這是一項理想性的、永續性的巨大出版工程。

不在意讀者的眾寡,只考慮它的學術價值,力求完整展現先哲思想的軌跡;

為知識界開啟一片智慧之窗,營造一座百花綻放的世界文明公園,

任君遨遊、取菁吸蜜、嘉惠學子!